W0346923

Bo5b Vera Ziegler 2006

Buchhaltung und Bilanz Teil A Grundlagen der Buchhaltung

Einführung am Beispiel der Industriebuchführung

Von

Dr. Heiner Hahn

und

Dr. Klaus Wilkens

Universitätsdozenten an der Universität Hamburg

6., überarbeitete und erweiterte Auflage

R. Oldenbourg Verlag München Wien

Die Deutsche Bibliothek - CIP-Einheitsaufnahme

Hahn, Heiner:
Buchhaltung und Bilanz / von Heiner Hahn und Klaus Wilkens. -
München ; Wien : Oldenbourg

Teil A. Grundlagen der Buchhaltung : Einführung am Beispiel der
Industriebuchführung. – 6., überarb. und erw. Aufl.. - 2002
ISBN 3-486-25997-0

© 2002 Oldenbourg Wissenschaftsverlag GmbH
Rosenheimer Straße 145, D-81671 München
Telefon: (089) 45051-0
www.oldenbourg-verlag.de

Das Werk einschließlich aller Abbildungen ist urheberrechtlich geschützt. Jede Verwertung außerhalb der Grenzen des Urheberrechtsgesetzes ist ohne Zustimmung des Verlages unzulässig und strafbar. Das gilt insbesondere für Vervielfältigungen, Übersetzungen, Mikroverfilmungen und die Einspeicherung und Bearbeitung in elektronischen Systemen.

Gedruckt auf säure- und chlorfreiem Papier
Druck: R. Oldenbourg Graphische Betriebe Druckerei GmbH

ISBN 3-486-25997-0

Inhaltsverzeichnis

Vorwort (zur ersten und zweiten Auflage)

Die Gegebenheiten und Vorgänge in einem Betrieb zeichnen sich durch eine große Fülle, Vielfalt und Komplexität aus. Insofern ist es notwendig, Hilfsmittel zu entwickeln und zu besitzen, die den Verantwortlichen Überblick und Durchblick verschaffen sowie Steuerungsmöglichkeiten eröffnen. Ein besonders wichtiges Instrument zur Erfüllung dieser Aufgaben repräsentiert die Finanz- oder Geschäftsbuchhaltung. Nicht nur der in der kaufmännischen Praxis Tätige, auch der Wirtschaftsstudent benötigt fundierte Grundkenntnisse über diesen Zweig des Rechnungswesens sowie das zentrale Abschlussdokument, die Bilanz.

Das vorliegende Werk bietet eine in sich geschlossene Darstellung, mit deren Hilfe die Lehr- und Lerninhalte selbständig erarbeitet und/oder im Zusammenhang mit Lehrveranstaltungen nachgearbeitet, ergänzt und vertieft werden können.

Mit diesem Anspruch richtet sich das Buch vor allem an Studierende der Wirtschaftswissenschaften an Universitäten und Fachhochschulen. Weitere Zielgruppen sind Studenten benachbarter Fachgebiete, die einen Überblick über die hier dargestellten Grundlagen des betrieblichen Rechnungswesens gewinnen wollen, sowie alle kaufmännisch Interessierten, die Buchhaltung und Bilanzierung nicht lediglich als betriebliche Techniken der Informationserfassung und Dokumentation erlernen wollen, sondern das betriebliche Rechnungswesen als integralen Bestandteil der Betriebswirtschaftslehre erfahren wollen.

Inhaltlich möchte dieses Buch demgemäß in **Teil A** eine Einführung in die Technik der kaufmännischen Buchführung vermitteln, und zwar am Beispiel der Industriebuchführung (auf der Grundlage des Industrie-Kontenrahmens), da diese die betriebswirtschaftlich relevanten Probleme der Buchführung am umfassendsten enthält. Dabei beschränkt sich diese Einführung einerseits auf eine Darstellung der grundlegenden Buchungsfälle und verzichtet bewusst auf spezielle Details; andererseits ist sie bemüht, über die Behandlung der Buchungstechnik hinaus die Verbindung zu allgemein-betriebswirtschaftlichen Problemen herzustellen.

In **Teil B** sollen die Grundlagen der Bilanzierung gemäß HGB dargestellt werden. Vor dem Hintergrund einer kurz gefassten Einführung in die theoretischen Grundlagen der Bilanzierung gilt es, den Jahresabschluss von Unternehmen nach aktuellem Recht darzustellen. Inhalt und Bewertung der Positionen einerseits, bilanzpolitische und bilanzanalytische Möglichkeiten andererseits sollen dem Studierenden einen Einblick in die Rechtsgrundlage und ihre betriebswirtschaftlichen Konsequenzen vermitteln.

Jedem Abschnitt sind Lernziele vorangestellt, um dem Leser nach erfolgter Durcharbeitung die Möglichkeit zur Selbstkontrolle seines Lernerfolgs zu geben. Der Lernerfolg soll jedoch entscheidend gefördert werden durch eine Vielzahl von

Beispielen, Übungsaufgaben und Lösungen. Alle Gliederungsabschnitte mit wesentlichen neuen Inhalten werden durch Aufgaben ergänzt. Die Lösungen sind, soweit für das Verständnis des nachfolgenden Inhalts hilfreich, den Aufgaben unmittelbar angefügt. Soweit die Aufgaben in erster Linie der Vertiefung und zusätzlichen Übung dienen, sind die Lösungen in einem abschließenden Kapitel zusammengefasst.

In der zweiten Auflage wurde der Inhalt auf den neuesten Stand des Rechts abgestellt, wenn auch die Buchungen noch auf dem (alten) IKR von 1972 vorgenommen werden.

Vorwort (zur dritten Auflage)

Die Systematisierung der Konten im Industrie-Kontenrahmen wurde auf die neue Rechtsgrundlage des Bilanzrichtlinien-Gesetzes umgestellt.

Im Zuge der dadurch erforderlichen völligen Überarbeitung der Kapitel 4 bis 7 wurden zugleich einige inhaltliche Erweiterungen vorgenommen.

Der Aufgaben- und Lösungskatalog wurde erheblich erweitert, in dem zusätzlich ein 8. Kapitel mit zusammenfassenden Aufgaben angefügt wurde.

Wir danken besonders den studentischen Lesern, durch deren Aufmerksamkeit einige kleinere Fehler entdeckt wurden und beseitigt werden konnten.

Vorwort (zur vierten Auflage)

Die ab 1.1.1993 wirksam gewordene Erhöhung der Umsatzsteuer auf einen runden Prozentsatz wurde zum Anlass genommen, in sämtlichen Beispielen und Aufgaben einen Umsatzsteuersatz von 15 % zugrunde zu legen.

Unwesentliche Erweiterungen wurden vorgenommen bei der Darstellung der Erfassung des Materialverbrauchs und des Wareneinsatzes durch zusätzliche Berücksichtigung des „Just-in-time-Verfahrens“.

Der Aufgaben- und Lösungskatalog wurde erweitert.

Wir danken unseren Mitarbeiterinnen für ihre unermüdliche Unterstützung: Frau Helma Waldhoff erledigte mit größter Zuverlässigkeit anfallende Schreibarbeiten; Frau stud. rer. pol. Danja Witte kontrollierte vor allem mit Sachkompetenz und Sorgfalt die Aufgaben und Lösungen; die Organisation und Gesamtabwicklung dieser Arbeiten oblag Frau Wiltraut Uckert, die mit

Eigeninitiative und Umsicht für einen reibungslosen und zügigen Ablauf sorgte, aber auch selbst tatkräftig Hand anlegte.

Vorwort (zur fünften Auflage)

Einige Fehler, deren Aufdeckung wir aufmerksamen studentischen Lesern verdanken, bedurften der Korrektur. Im übrigen wurden nur wenige inhaltliche Aktualisierungen vorgenommen.

Vorwort (zur sechsten Auflage)

Die sechste Auflage bedurfte einer gründlichen Überarbeitung und Aktualisierung.

Die Steuerreform 2000 führte zu einer Änderung des Abschreibungshöchstsatzes sowie zu neuen AfA-Tabellen. Beides machte Anpassungen in den Abschnitten zur Abschreibungsproblematik erforderlich. Die Währungsumstellung zum 1.1.2002 von Deutscher Mark auf Euro zwang nicht nur zur formalen Änderung aller angegebenen Geldeinheiten; sie wirkte sich auch materiell auf die Grenzwerte der geringwertigen Wirtschaftsgüter aus.

Da der Umsatzsteuersatz voraussichtlich noch einige Zeit bei seiner aktuellen Höhe von 16 % bleiben wird, haben wir sämtliche Beispiele und Aufgaben auf diesen Satz umgestellt. Dieser Tribut an die Praxisnähe ändert jedoch nichts an unserer Zielsetzung, den Studierenden die Buchführung vorrangig als geeignetes betriebswirtschaftliches Dokumentations- und Informationssystem unter Betonung der allgemein-betriebswirtschaftlichen Probleme nahe zu bringen, anstatt sie auf eine berufliche Karriere als Buchhalter vorzubereiten.

Der Aufgabenkatalog wurde erneut erweitert, um den Lesern noch mehr Möglichkeiten zu geben, sich durch Übungen ein vertieftes Verständnis für das betriebliche Rechnungswesen zu erschließen.

Diese relativ umfangreichen und zeitraubenden Arbeiten konnten nur deshalb in angemessener Zeit ausgeführt werden, weil an der inhaltlichen und technischen Umsetzung der Neuauflage eine ganze Reihe von Köpfen und Händen beteiligt war, denen unser besonderer Dank gebührt. Außer unserer bewährten Mitarbeiterin Frau Helma Waldhoff sind hervorzuheben Birte und Carsten Hahn, Gunnar Loh sowie Florian Reibis.

Heiner Hahn
Klaus Wilkens

1. Kapitel: Einführung

1.1 Gegenstand und Bedeutung der Buchführung als Teil des betrieblichen Rechnungswesens

Lernziele:
• *Kenntnis der Aufgaben des betrieblichen Rechnungswesens* • *Erkennen der Stellung der Finanzbuchhaltung innerhalb des betrieblichen Rechnungswesens* • *Fähigkeit zur Erläuterung des Inhalts der Finanzbuchhaltung*

Das Geschehen in einem Unternehmen ist so komplex, dass es nur schwer zu durchschauen ist. Um einen Einblick in die wirtschaftliche Lage eines Unternehmens gewinnen zu können, ist es jedoch erforderlich, die wirtschaftlichen Auswirkungen der betrieblichen Prozesse transparent zu machen. Die daraus gewonnenen Informationen sind für den Unternehmer Voraussetzung, um wirtschaftlich sinnvolle zukunftsgerichtete Entscheidungen treffen zu können. Die Informationen über das betriebliche Geschehen dienen aber ebenso der Berichterstattung gegenüber betriebsexternen Beobachtern.

In einer Zeit, die als Folge fortschreitender Arbeitsteilung und unternehmerischer Zusammenschlüsse durch wachsende Betriebsgrößen und zunehmende Verflechtung der Betriebe untereinander gekennzeichnet ist, steigt daher das Bedürfnis nach Abbildung der wirtschaftlich relevanten Betriebsprozesse in überschaubarer und aussagefähiger Form. Hierzu müssen die im Betrieb sichtbaren güterwirtschaftlichen Umwandlungsprozesse in aussagefähige geldwirtschaftliche Größen umgeformt werden. Diesem Ziel zu dienen, ist Aufgabe des Rechnungswesens. Es soll die wirtschaftlich relevanten Erscheinungen in aussagefähige Bestands- und Erfolgsgrößen transformieren, um eine Grundlage für zielgerichtete Entscheidungsprozesse zu schaffen.

Im Einzelnen hat das betriebliche Rechnungswesen folgende Aufgaben:

- Dokumentation ökonomisch relevanter betrieblicher Sachverhalte (Dokumentationsfunktion),
- nachträgliche Überprüfung abgeschlossener und permanente Kontrolle fortlaufender Prozesse (Kontrollfunktion),
- Aufbereitung von Daten zur Schaffung von Informationsgrundlagen für innerbetriebliche Dispositionen, z.B. im Bereich der Finanzierung, Investition oder Preisgestaltung, sowie für Entscheidungen Externer, soweit diese den Betrieb unmittelbar berühren, z.B. Kreditvergabeentscheidungen (Informationsfunktion).

Um diese unterschiedlichen Aufgaben zielgerecht und zweckmäßig erfüllen zu können, bedarf es differenzierter Methoden und Inhalte des Rechnungswesens. So haben sich innerhalb des betrieblichen Rechnungswesens spezielle Teilbereiche gebildet, wie Buchhaltung ("Buchführung" wird als synonymer Begriff verwendet), Bilanzierung, Kosten- und Leistungsrechnung, Betriebsstatistik.

Gegenstand dieses Gesamtwerks ist das externe Rechnungswesen mit seinen Teilgebieten Buchhaltung und Bilanzierung. Der hier vorliegende Teil A befasst sich mit der Basis dieses Themenkomplexes, mit den Grundlagen der Buchhaltung.

Die zum Jahresabschluss hinführende Buchführung wird auch als **Finanz- oder Geschäftsbuchhaltung** bezeichnet, um sie von der **Betriebsbuchhaltung** abzugrenzen, die als Betriebsabrechnung Teil der Kosten- und Leistungsrechnung ist.

Der Begriff der Buchführung oder Buchhaltung in ihrer kaufmännischen Ausgestaltung steht zum einen für eine bestimmte Methode der Datenerfassung, zum anderen ist er als Finanzbuchhaltung inhaltlich auf einen bestimmten Teilbereich des Rechnungswesens begrenzt. Die Buchhaltung bearbeitet das Zahlenmaterial, das sich in Veränderungen der Bestände an Vermögen und Schulden und im wirtschaftlichen Erfolg eines Unternehmens niederschlägt. Dabei stellt sie auf den Zeitraum eines Geschäftsjahres ab. Der Jahresabschluss beinhaltet begrifflich sowohl die Tätigkeit am Ende eines Geschäftsjahres (vor allem die Bewertung der Bestände) als auch deren Ergebnis in Gestalt der Bilanz und der Erfolgsrechnung.

1.2 Rechtliche Grundlagen der Buchführung

Lernziele:
• *Einsicht in die Kriterien, die zur allgemeinen Buchführungspflicht führen* • *Kenntnisse über rechtlich bedingte Buchführungspflicht* • *Fähigkeit zum Erkennen und zur Abgrenzung buchungsrelevanter Sachverhalte* • *Kenntnis einiger Rechtsgrundlagen für die formale und materielle Ausgestaltung der Buchführung* • *Fähigkeit zur Wiedergabe einiger formaler und materieller Grundsätze ordnungsmäßiger Buchführung* • *Erkennen der Notwendigkeit zur Einhaltung der Grundsätze ordnungsmäßiger Buchführung*

Die rechtlichen Grundlagen der Buchführung geben Antworten auf folgende wichtige Fragen:

(1) **Wer** ist zur Buchführung verpflichtet? (**Buchführungspflicht**)
(2) **Was** muss gebucht werden? (**Buchungsrelevante Sachverhalte**)
(3) **Wie** müssen die Bücher geführt werden? (**Formale und materielle Anforderungen**)

Ad (1): Buchführungspflicht

Die Festlegung der buchführungspflichtigen Personen und Unternehmen hat der Gesetzgeber unter dem Gesichtspunkt entschieden, ob ein wohlverstandenes Eigeninteresse der Geschäftsleitung und/oder ein wirtschaftlich oder gesellschaftspolitisch begründetes schutzwürdiges Fremdinteresse an der Führung von Büchern eines Unternehmens vorliegt.

Lediglich bei leicht überschaubaren Kleinstbetrieben mit geringfügiger Geschäftstätigkeit erscheint eine (umfängliche) Buchhaltung entbehrlich und unter Wirtschaftlichkeitsgesichtspunkten nicht zweckmäßig. Bei allen anderen Betrieben sollte das Eigeninteresse der Unternehmensleitung an einer aussagefähigen Buchhaltung allein wegen ihres betriebswirtschaftlichen Informationsgehaltes evident sein. Dennoch ist auch bei diesen Betrieben die ausdrückliche Verpflichtung zur Buchführung angezeigt. Denn der Kaufmann könnte versucht sein, den Nutzen der Buchführung gegen die Nachteile abzuwägen, die sich aus einer wahrheitsgemäßen Rechnungslegung ergeben könnten (z.B. die Ablehnung von Kreditanträgen), und als Folge dieses Interessenkonflikts auf eine Buchhaltung verzichten.

Das Fremdinteresse von Betriebsexternen an der Führung von Büchern kann mannigfaltige Motive haben und erstreckt sich deshalb auch auf sehr unterschiedliche Interessengruppen:

- Anteilseigner, die am Entscheidungsprozess nicht unmittelbar beteiligt sind und nur eingeschränkte Kontrollrechte haben (z:B. Aktionäre einer Aktiengesellschaft oder Kommanditisten einer Kommanditgesellschaft), wollen die Entwicklung "ihres" Unternehmens und damit zugleich die Wertentwicklung ihrer Beteiligung verfolgen.
- Kreditgeber, insbesondere Banken und Lieferanten, müssen vor der Kreditvergabeentscheidung das Kreditrisiko abschätzen.
- Kunden und Lieferanten sind an einer positiven Entwicklung der zweiseitigen geschäftlichen Beziehungen interessiert.
- Arbeitnehmer betrachten sorgen- und erwartungsvoll die Entwicklung ihres Unternehmens als Arbeitsplatzgeber und Einkommensquelle.
- Gerichte benötigen bei Rechtsstreitigkeiten beweiskräftige Unterlagen aus dem Rechnungswesen zur Klärung von Sachverhalten.
- Der Staat als Fiskus braucht aus Gründen der Steuergerechtigkeit verlässliche, nach einheitlichen Grundlagen erstellte Besteuerungsgrundlagen.
- Die staatliche Exekutive mit den ihr zugeordneten Verwaltungen und Aufsichtsbehörden ist als wirtschaftspolitisches Steuerungs- und Kontrollorgan auf betriebliche Informationen angewiesen, um wirksame wirtschaftspolitische Steuerungsmechanismen auslösen zu können (z.B. Subventionen, Steuerbegünstigungen, Fusionskontrolle, Verbraucherschutz).
- Die fachlich interessierte Öffentlichkeit sieht in jedem einzelnen Betrieb ein Erfahrungsobjekt und verarbeitet seine wirtschaftlichen Daten als Bausteine für ein allgemeingültiges Erkenntnisgebäude.

Wo ein solches schutzwürdiges Eigen- oder Fremdinteresse an der Buchführung eines Betriebes vorliegt, hat der Gesetzgeber eine Verpflichtung zur Führung von kaufmännischen Büchern begründet. Das Handelsrecht verpflichtet gemäß § 238 Abs. 1 HGB generell jeden Kaufmann zur Buchführung. Diese handelsrechtliche Buchführungspflicht wird durch einige rechtsform- und branchenspezifische Vorschriften bekräftigt und spezifiziert, zum Beispiel durch § 41 GmbH-Gesetz, § 25a Kreditwesengesetz, § 55 Versicherungsaufsichtsgesetz. Darüber hinaus wird die Buchführungspflicht aufgrund steuerrechtlicher Vorschriften auf gewerbliche Unternehmen ausgedehnt, die mangels Kaufmanneigenschaft handelsrechtlich nicht eingeschlossen sind, aber deren Umsatz, Gewinn oder Betriebsvermögen bestimmte Größenmerkmale überschreiten. Auch im Umsatzsteuergesetz und im Einkommensteuergesetz finden sich buchführungsrelevante Vorschriften.

Die Nichteinhaltung der Buchführungspflicht hat zwar im Normalfall (Ausnahme z.B. im Insolvenzfall) keine strafrechtlichen Konsequenzen, aber eine empfindliche Sanktionsmöglichkeit hat der Staat mit der Vorschrift des § 162 Abgabenordnung geschaffen, wonach die Besteuerungsgrundlage von der Finanzbehörde zu schätzen ist, wenn der Steuerpflichtige seiner Buchführungspflicht nicht nachgekommen ist.

Ad (2) Buchungsrelevante Sachverhalte

Hinter der allgemeinen Buchführungspflicht verbirgt sich das Problem: Welche betrieblichen Sachverhalte sind zu buchen? Aus der Aufgabenstellung der Buchführung ist abzuleiten, dass sowohl Wertbewegungen, die sich innerhalb des Unternehmens vollziehen, als auch externe Wertbewegungen, von denen das Unternehmen tangiert wird, buchungsrelevant sein können.

Buchungsrelevant ist nicht bereits der Abschluss eines rechtlich verpflichtenden Handelsgeschäftes, sondern der wirtschaftliche Geschäftsvorfall, d.h. die nach wirtschaftlicher Auslegung durch Zahlungsvorgang bzw. Rechnungserteilung dokumentierte Erfüllung des Geschäftes. Unter diese Abgrenzung der buchungsrelevanten Sachverhalte fallen alle Veränderungen der Vermögenswerte, die zum rechtlichen Eigentum zählen. Da jedoch für die Buchungsrelevanz nicht die rechtliche, sondern die wirtschaftliche Zugehörigkeit maßgebend ist, werden zusätzlich auch die Werte und Vorgänge mit einbezogen, die zwar infolge von Eigentumsvorbehalt, Verpfändung, Sicherungsübereignung oder Zession belastet sind, aber zum sog. wirtschaftlichen Eigentum des Kaufmanns rechnen. Als wirtschaftlicher Eigentümer eines Gutes gilt ein Kaufmann, wenn er die tatsächliche Verfügungsgewalt über das Gut hat und die Einwirkung Dritter für längere Zeit ausgeschlossen ist. Nicht gebucht werden dagegen - abgesehen von bestimmten Formen des Leasinggeschäftes - Veränderungen von Werten, die vom Unternehmen nur wirtschaftlich genutzt werden, aber nicht in dessen Eigentum gelangen sollen, wie z.B. geliehene oder gepachtete Gegenstände oder durch Arbeitsvertrag verpflichtete Arbeitnehmer.

Ad (3) Formale und materielle Anforderungen

Hinsichtlich der formalen und materiellen Ausgestaltung der Buchführung geht aus der Generalklausel des § 238 Abs. 1 HGB hervor, dass der Kaufmann in seinen Büchern "seine Handelsgeschäfte und die Lage seines Vermögens nach den Grundsätzen ordnungsmäßiger Buchführung ersichtlich zu machen" hat. Auf die Grundsätze ordnungsmäßiger Buchführung (GoB) wird auch in anderen Rechtsvorschriften Bezug genommen, z.B. in § 243 HGB als Leitlinie für die Erstellung des Jahresabschlusses, im Einkommensteuergesetz (§ 4 Abs. 2) und in der Abgabenordnung (§ 146 Abs. 5).

Einige dieser Grundsätze ordnungsmäßiger Buchführung sind expressis verbis ausgeführt, insbesondere in §§ 239 ff. HGB und in §§ 143 ff. Abgabenordnung; andere haben durch Rechtsprechung oder übereinstimmende Literaturauffassung einen quasi-legalen Charakter bekommen.

Eine Buchführung kann im allgemeinen als ordnungsmäßig gelten, wenn in ihr folgende formale und/oder materielle Grundsätze befolgt werden:

- Die Buchführung muss vollständig, richtig, zeitgerecht und geordnet sein (§ 239 Abs. 2 HGB).
- Sie muss klar und übersichtlich sein (§ 243 Abs. 2 HGB).
- Sie muss in einer lebenden Sprache abgefasst sein, darf nicht in chiffrierter Form ausgeführt werden und darf keine Zeichen enthalten, deren Bedeutung nicht eindeutig festliegt (§ 239 Abs. 1 HGB).
- Nachträgliche Veränderungen müssen so vorgenommen werden, dass der ursprüngliche Inhalt erkennbar bleibt § 239 Abs. 3 HGB); deshalb dürfen auch keine Zwischenräume unausgefüllt bleiben, die später in Manipulationsabsicht ausgefüllt werden könnten.
- Sämtliche Buchungen müssen aufgrund von Aufzeichnungen und Belegen nachvollziehbar sein (§ 239 Abs. 4 HGB).
- Die Belege müssen fortlaufend nummeriert und geordnet abgelegt werden.
- Alle Buchführungsunterlagen müssen aufbewahrt werden. Die Aufbewahrungsfrist beträgt gemäß § 257 Abs. 4 HGB
  - **zehn** Jahre für Handelsbücher und Inventare (einschl. der zum Verständnis der Unterlagen erforderlichen Arbeitsanweisungen und Organisationsunterlagen),
  - ebenfalls **zehn** Jahre für alle buchungsrelevanten Belege, wie Bankauszüge, Quittungen, Rechnungen, Lieferscheine, Gehaltslisten u.ä.,
  - **sechs** Jahre für empfangene und für Kopien abgesandter Handels- und Geschäftsbriefe.

  Die Aufbewahrungsfrist beginnt mit dem Schluss des betreffenden Kalenderjahres.

Alle diese Anforderungen dienen dem Zweck, die Buchhaltung so zu gestalten, dass sie einem "sachverständigen Dritten innerhalb angemessener Zeit einen Überblick über die Geschäftsvorfälle und über die Lage des Unternehmens vermitteln kann" (§ 238 Abs. 1 Satz 2 HGB). Insofern hat die Einhaltung der formalen Anforderungen zugleich materielle Bedeutung.

Mit welcher kaufmännischen Buchführungsmethode dieses Ziel erreicht werden soll, lässt der Gesetzgeber offen. In aller Regel dürfte ein zuverlässiger Einblick in die wirtschaftliche Lage des Unternehmens nur mit Hilfe der doppelten kaufmännischen Buchführung zu gewinnen sein; deshalb ist nur sie Gegenstand dieser Schrift.

2. Kapitel: Das System der kaufmännischen Buchführung

2.1 Inventur - Inventar - Bilanz

Lernziele:

- *Kenntnis der kaufmännischen Pflichten bezüglich Inventur, Inventar und Bilanz*
- *Fähigkeit zur Erläuterung des Vorgangs der Inventur*
- *Erkennen der Notwendigkeit und Bedeutung der mengen- und wertmäßigen Erfassung der Bestände*
- *Kenntnis der verschiedenen Möglichkeiten bei der Wahl des Zeitpunktes der Inventur*
- *Kenntnis der unterschiedlichen Anforderungen je nach Zeitpunkt der Inventur*
- *Fähigkeit zur Erklärung des Zusammenhangs zwischen Inventur und Inventar*
- *Fähigkeit zur Wiedergabe und Erklärung des Aufbaues eines Inventars*
- *Fähigkeit zur Abgrenzung zwischen Gegenständen des Anlagevermögens und des Umlaufvermögens*
- *Fähigkeit zur Ermittlung des Eigenkapitals anhand eines Inventars*
- *Fähigkeit zur Charakterisierung der Unterschiede zwischen Inventar und Bilanz*
- *Fähigkeit zur Aufstellung einer Bilanz anhand von Inventurangaben*

Inventur

Eine der genannten Aufgaben des betrieblichen Rechnungswesens besteht darin, einen Überblick über die Vermögens- und Schuldensituation des Unternehmens zu vermitteln. Um diesem Anspruch genügen zu können, ist jeder Kaufmann verpflichtet, "für den Schluss eines jeden Geschäftsjahrs" ein Inventar aufzustellen (§ 240 Abs. 2 HGB) und zusätzlich eine Bilanz zu erstellen (§ 242 Abs. 1 Satz 1 HGB).

Zu diesem Zweck wird zunächst "Inventur gemacht". **Inventur ist die mengen- und wertmäßige Erfassung sämtlicher Vermögensgegenstände und Schulden zu einem bestimmten Zeitpunkt.**

Zu den Vermögensgegenständen gehören z.B. Grundstücke, Maschinen, Rohstoffvorräte, Vorräte an fertigen Erzeugnissen, Geldforderungen an Kunden, Bankguthaben, Kassenbestand u.a.m.. Schulden können z.B. in Form von Bankdarlehen, Verbindlichkeiten gegenüber Lieferanten u.a.m. bestehen.

Die **mengenmäßige** Bestandsaufnahme erfolgt je nach Wesensmerkmal der zu erfassenden Positionen durch

- Zählen (z.B. Stückzahl von Schreibtischen),
- Messen (z.B. Längenmeter bei Stoffballen, Raummeter bei flüssigen Stoffen),
- Wiegen (z.B. Gewicht von Vorräten an Rohkaffee),
- geeignete Schätzverfahren auf der Grundlage von Stichproben.

Kaufmännisch bedeutsamer und zum Teil allein aussagefähig ist die **wertmäßige** Erfassung im Rahmen der Inventur. Dies wird insbesondere am Beispiel des Bargeldes und der Nominalgüter (wie Geldforderungen oder Geldschulden) deutlich: Unter dem Begriff "Geldzählen" versteht in Wahrheit niemand die Ermittlung der Stückzahl, sondern jedermann verbindet damit die wertmäßige Ermittlung der Banknoten und Münzen. Auch bei Geldschulden ist nicht die mengenmäßige Anzahl der Kreditbeziehungen oder Gläubiger, sondern die Höhe der geldlichen Verpflichtungen in Währungseinheiten von vorrangigem Interesse. Aber auch bei den Vermögensgegenständen, deren Mengenangabe allein schon eine gewisse Aussagekraft besitzt (z.B. 7 Personenkraftwagen, 20 Computer), ist die zusätzliche Angabe des Wertes - ausgedrückt in Währungseinheiten - für eine ökonomische Aussage unentbehrlich.

Hinsichtlich der **Häufigkeit** und des **Zeitpunktes** der Inventur ergibt sich aus § 240 Abs. 2 HGB, dass sie im jährlichen Rhythmus erfolgen und jeweils die am Ende eines Geschäftsjahres vorhandenen Bestände wiedergeben muss.

Das Geschäftsjahr ist im Regelfall mit dem Kalenderjahr identisch. Die Synchronisation von Geschäftsjahr und Kalenderjahr ist jedoch nicht zwingend vorgeschrieben. So kann es durchaus ökonomisch sinnvoll sein, Geschäftsjahr und Kalenderjahr auseinander klaffen zu lassen, um das Geschäftsjahr dem Zeitraum einer wirtschaftliche Saison anzugleichen oder um es dem Geschäftsjahr einer ausländischen Muttergesellschaft anzupassen.

Hinsichtlich des Zeitpunktes der Durchführung der Inventur stehen verschiedene Möglichkeiten offen:

(1) **Stichtagsinventur** und **ausgeweitete Stichtagsinventur**

Grundsätzlich hat die Inventur am letzten Tag des Geschäftsjahres, also am Bilanzstichtag, zu erfolgen ("**Stichtagsinventur**"). Da dieser Zeitpunkt organisatorisch wenig zweckmäßig und wenig arbeitnehmerfreundlich erscheint, wird im allgemeinen auf die Möglichkeit zurück gegriffen, die Inventur stattdessen innerhalb eines Zeitraums von zehn Tagen vor oder nach dem

Bilanzstichtag durchzuführen ("**ausgeweitete Stichtagsinventur**"). Für diesen Fall sind die zwischen dem Tag der Inventur und dem Bilanzstichtag eingetretenen Veränderungen durch geeignete Aufzeichnungen zu erfassen und zu berücksichtigen.

Diese Formen der umfassenden körperlichen Bestandsaufnahme aller Vermögensgegenstände und Schulden zu einem bestimmten Zeitpunkt machen wegen des enormen Arbeitsanfalls meist eine - zumindest teilweise - Betriebsunterbrechung erforderlich. Deshalb lässt der Gesetzgeber in § 241 HGB nachfolgende Inventurvereinfachungsverfahren zu.

(2) **Vor- oder nachverlegte Stichtagsinventur**

Gemäß 241 Abs. 3 HGB ist es nicht erforderlich, auch diejenigen Vermögensgegenstände zum Schluss des Geschäftsjahres zu erfassen, die der Kaufmann in einem besonderen Inventar verzeichnet hat, das er bis zu drei Monate vor oder zwei Monate nach dem Schluss des Geschäftsjahres ordnungsgemäß nach Art, Menge und Wert aufgenommen hat und sichergestellt ist, dass daraus durch Anwendung geeigneter Fortschreibungs- bzw. Rückrechnungsverfahren der Wert des am Abschlussstichtag vorhandenen Bestandes ermittelt werden kann. Bei Anwendung dieses Wertnachweisverfahrens erübrigt sich also eine mengenmäßige Fortschreibung ebenso wie eine stichtagsgenaue mengenmäßige Bestandserhebung.

(3) **Permanente Inventur**

Dieses Verfahren erlaubt auf der Grundlage des § 241 Abs.2 HGB, dass beim Vorratsvermögen unter bestimmten Voraussetzungen auf eine körperliche Bestandsaufnahme am Abschlussstichtag verzichtet werden kann. Hierbei wird die Stichtagsinventur dadurch ersetzt, dass die körperliche Bestandsaufnahme getrennt für bestimmte Vermögensgruppen an beliebigen Stichtagen über das Geschäftsjahr verteilt erfolgt. Der Bestand zum Schluss des Geschäftsjahres wird dadurch ermittelt, dass die bis zum Abschlussstichtag erfolgten mengen- und wertmäßigen Bestandsveränderungen aus den Aufzeichnungen der Buchhaltung gewonnen werden. Dieses Verfahren ist somit begrenzt auf Lagerbestände, deren Zugänge und Abgänge kontinuierlich buchmäßig erfasst werden (können), so dass der aktuelle Soll-Bestand jederzeit bekannt ist. Es gilt im Sinne der Ordnungsmäßigkeit als hinreichend, wenn einmal jährlich der Soll-Bestand durch körperliche Bestandsaufnahme des Ist-Bestandes überprüft und ggf. korrigiert wird.

Die vereinfachten Verfahren der vor- oder nachverlegten Stichtagsinventur und der permanenten Inventur sind nur insoweit zulässig, als sie den Grundsätzen einer ordnungsmäßigen Buchführung entsprechen. Bei besonders wertvollen Vermögensgegenständen und bei solchen, bei denen üblicherweise unkontrollierbare Abgänge (z.B. durch Verderb, Bruch, Verdunstung) eintreten, dürfte dies im allgemeinen zu verneinen sein. Diese Einschränkungen - wie auch die zusätzlichen Aufzeichnungspflichten als Voraussetzung für die Zulässigkeit - sind zwar nur im Steuerrecht kodifiziert (Abschnitt 30 Einkommensteuer-Richtlinie), werden jedoch zugleich handelsrechtlich als Bestandteile der Grundsätze ordnungsmäßiger Buchführung anerkannt.

Im Rahmen der GoB kann auch bezüglich des **Umfangs** der Inventur auf Vereinfachungsverfahren zurückgegriffen werden, um sie möglichst rationell durchführen zu können. Grundsätzlich ist jeder körperliche Gegenstand einzeln zu erfassen. Der Inventurzweck kann aber auch durch eine Stichprobe erfüllt werden, wenn diese auf der Grundlage anerkannter mathematisch-statistischer Methoden genommen wird und deshalb qualitativ dem Aussagewert einer körperlichen Bestandsaufnahme gleichkommt (§ 241 Abs. 1 HGB).

Inventar

Das **Ergebnis der Inventur (Bestandsaufnahme)** wird in geordneter Form in einem **Inventar (Bestandsverzeichnis)** festgehalten. Das **Inventar** ist also die **detaillierte geordnete Aufstellung sämtlicher Vermögensgegenstände und Schulden eines Unternehmens zu einem Stichtag.**

Der **Aufbau** des Inventars folgt verschiedenen Gliederungskriterien und findet seine Entsprechung in der für Kapitalgesellschaften gemäß § 266 HGB obligatorischen handelsrechtlichen Gliederung der Bilanz. Zunächst erfolgt eine Trennung zwischen Vermögen und Schulden, wobei gleichartige Werte zu Gruppen, z.B. Fuhrpark, Rohstoffe, Verbindlichkeiten aus Lieferungen und Leistungen, zusammengefasst werden.

Für die Reihenfolge innerhalb des Vermögens ist die Zweckbestimmung im Betrieb das herausragende Gliederungsmerkmal. Die Positionen des Vermögens, die dauernd dem Geschäftsbetrieb zu dienen bestimmt sind, werden dem **Anlagevermögen** zugeordnet (§ 247 Abs.2 HGB). Innerhalb des Anlagevermögens wird zwischen immateriellen Anlagen (z.B. Patente, Lizenzen), Sachanlagen (z.B. Grundstücke, Maschinen) und Finanzanlagen (z.B. Beteiligungen, Wertpapiere) unterschieden. Während die Anlagegüter normalerweise langfristig im Unternehmen gebunden sind und dauerhaft in der gleichen Weise genutzt werden, erfahren die übrigen Vermögensgegenstände durch den Betriebsprozess laufend Veränderungen in ihrer Form: Rohstoffe werden durch Verarbeitung zu fertigen Erzeugnissen; diese werden gegen Rechnung verkauft und damit zu Forderungen gegenüber den Kunden; aus den Forderungen werden bei Bezahlung Bankguthaben oder Bargeld; dieses Geld wird wiederum für Rohstoffe eingesetzt. Wegen dieses revolvierenden Betriebsprozesses werden die in ihn eingebundenen Vermögenswerte als **Umlaufvermögen** bezeichnet. Die Gliederung innerhalb des Umlaufvermögens folgt der Chronologie des Betriebsprozesses und ordnet die Vermögensgruppen nach zunehmender Geldnähe.

Die **Schulden (Verbindlichkeiten, Fremdkapital)** werden auf zwei Ebenen gegliedert: einerseits nach den Fremdkapitalgebern (z.B. Kreditinstitute, Lieferanten, verbundene Unternehmen), andererseits nach der Verfügbarkeitsdauer (Fälligkeit bis zu 1 Jahr, über 1 Jahr bis zu 5 Jahre, über 5 Jahre). Bei Kapitalgesellschaften wird in Anlehnung an die Bilanzgliederung übergeordnet nach der Gruppe der Gläubiger unterteilt und als Unterkriterium nach der Fälligkeit.

Der **Zweck** eines Inventars erschöpft sich jedoch nicht in der Aufstellung der Vermögenswerte und der Schulden; vielmehr schafft diese erst die Voraussetzung für eine weitere wichtige Folgerung: Die Vermögensaufstellung zeigt, wie viel Kapital in welcher Form im Unternehmen gebunden ist und verwendet wird. Die Aufstellung der Schulden weist aus, wie viel und in welcher Form fremdes Kapital, d.h. nicht vom Eigentümer selbst aufgebrachtes Kapital, für die Finanzierung des Vermögens herangezogen wird. Folglich wird das Vermögen, soweit es nicht durch Fremdkapital finanziert wird, vom Unternehmer mittels eigenen Kapitals beschafft. Die Gegenüberstellung von Vermögen und Schulden lässt also erkennen, welchen Kapitalbetrag der bzw. die Eigentümer des Unternehmens selbst zur Finanzierung des Vermögens aufgebracht hat bzw. haben: das **Eigenkapital (Reinvermögen)**.

Dieser betriebswirtschaftlich wichtige Zusammenhang lässt sich auch an folgendem Gedankengang nachvollziehen: Wenn ein Unternehmen aufgelöst wird, werden die Vermögenswerte veräußert, also sämtlich in flüssige Mittel umgewandelt; davon werden die Schulden beglichen; der Rest verbleibt dem Eigentümer und kann nachträglich als der Teil des Vermögens qualifiziert werden, der dem Unternehmer selbst "gehörte".

Die Erklärung des Zusammenhangs von Vermögen und Schulden sowie die daraus abgeleitete **Definition des Eigenkapitals** als **Differenz (= Saldo) von Vermögen und Schulden** ist für das Verständnis der Buchführung und der Betriebswirtschaftslehre insgesamt von größter Bedeutung. Dem wirtschaftlichen Zweck des Inventars entsprechend wird daher die Aufstellung des Vermögens und der Schulden (des Fremdkapitals) in einem dritten Teil ergänzt um die Ermittlung des Eigenkapitals nach der Gleichung:

Eigenkapital	=	**Vermögen**	-	**Fremdkapital**
EK	=	**V**	-	**FK**

Beispiel für ein Inventar (stark gekürzt):

	€	€
A. Vermögen		
I. Anlagevermögen		
1. Grundstück Fabrikstr. 11 mit		
Fabrikgebäude		616.000
2. Maschinen lt. bes. Verzeichnis, Anlage 1		468.400
3. Fuhrpark		
2 LKW	91.600	
4 Transporter	43.200	
3 PKW	37.500	172.300
4. Betriebs- und Geschäftsausstattung		
lt. bes. Verz., Anlage 2		157.900
II. Umlaufvermögen		
1. Vorräte		
a) Rohstoffe lt. bes. Verz., Anlage 3	471.600	
b) Hilfsstoffe lt. bes. Verz., Anlage 4	16.800	
c) Betriebsstoffe lt. bes. Verz., Anlage 5	29.100	
d) Unfertige Erzeugnisse lt. bes. Verz.,		
Anlage 6	218.200	
e) Fertigerzeugnisse lt. bes. Verz., Anlage 7	330.600	1.066.300
2. Forderungen, Anlage 8		407.100
3. Kasse lt. Kassenbuch		2.600
4. Postbankguthaben lt. Auszug		800

Summe Vermögen		2.891.400
		========
B. Schulden		
I. Verbindlichkeiten gegenüber Kreditinstituten		
1. Hypothekendarlehen Hypobank lt. Auszug		341.100
2. Darlehensschulden Vereinbank lt. Auszug		642.500
3. Kontokorrentkredit Sparkasse lt. Auszug		130.400
II. Verbindlichkeiten gegenüber Lieferanten,		
Anlage 10		410.500

Summe Schulden		1.524.500
		========
C. Ermittlung des Eigenkapitals		
Summe Vermögen		2.891.400
- Summe Schulden		1.524.500

= Eigenkapital		1.366.900
		========

Bilanz

Die Aussagefähigkeit eines detaillierten Inventars mit Tausenden von Einzelpositionen ist infolge seines außerordentlich großen Umfangs stark beeinträchtigt. Es erfüllt zwar seinen wirtschaftlichen Zweck insofern, als es sämtliche Bestände im Einzelnen dokumentiert, kann hingegen wegen seiner Unübersichtlichkeit kaum der Aufgabe gerecht werden, einen Einblick in die wirtschaftliche Lage des Unternehmens zu vermitteln.

Zu diesem Zweck wird aus dem Inventar eine **Bilanz** abgeleitet, indem folgende Änderungen gegenüber dem Inventar vorgenommen werden:

(1) Um die Anzahl der Positionen stark zu verringern, werden gleichartige Positionen zu Gruppen zusammengefasst.
(2) Um sich auf die ökonomisch entscheidende Aussage zu beschränken, wird auf die Mengenangabe verzichtet und nur die Wertangabe übernommen.
(3) Um den Zusammenhang zwischen Vermögen einerseits (als Ausdruck für die Verwendung des Kapitals) sowie Fremd- und Eigenkapital andererseits (als Ausdruck für die Herkunft des Kapitals) auch optisch zu verdeutlichen, werden das Vermögen (= **Aktiva**) und das Kapital (= **Passiva**) auf zwei Seiten in einer sogenannten **Kontoform** gegenübergestellt.

Da	EK	=	V - FK,
gilt	V	=	EK + FK,
	Vermögen	=	**Kapital**

Somit sind die Summe des Vermögens und die Summe des Kapitals stets gleich groß. Die aus dieser sogenannten **Bilanzgleichung** sprechende zwingende wertmäßige Ausgewogenheit zwischen Vermögen und Kapital gibt der Bilanz ihren Namen (italienisch: bilancia = Waage). Die Bilanz weist also auf der linken Seite (Aktivseite) das Vermögen aus und zeigt damit, in welcher Form von Vermögen das Kapital im Unternehmen gebunden ist und verwendet wird. Auf der anderen Seite (Passivseite) zeigt die Bilanz, aus welchen Quellen dieses Kapital kommt.

Die Umformung des Inventars in eine Bilanz in Kontoform unter gleichzeitiger Zusammenfassung von Positionsgruppen ergibt dann folgendes Bild:

Aktiva (Vermögen) (Kapitalverwendung)		Bilanz	Passiva (Kapital) (Kapitalherkunft)
Anlagevermögen		**Eigenkapital**	1.366.900
Grundstücke	616.000	**Fremdkapital**	
Maschinen	468.400	Hypothekendarlehen	341.100
Fuhrpark	172.300	Darlehensschulden	642.500
Geschäftsausstattung	157.900	Kurzfristige Bankkredite	130.400
Umlaufvermögen		Lieferantenverbindlichk.	410.500
Rohstoffe	517.500		
Unfertige Erzeugnisse	218.200		
Fertigerzeugnisse	330.600		
Forderungen	407.100		
Kasse	2.600		
Postbank	800		
	2.891.400		2.891.400

Da aus Gründen der Übersichtlichkeit die Summen auf beiden Seiten in der gleichen Zeile geschrieben werden, ergibt sich bei ungleicher Anzahl von Posten auf der Seite mit der geringeren Postenzahl ein Leerraum; dieser wird, um Manipulationen zu erschweren, durch eine diagonale Linie entwertet, eine sogenannte **Buchhalternase**.

Aufgabe A 2 / 1:

Ermittlung des Eigenkapitals

Ein Kaufmann ermittelt als zusammengefasstes Ergebnis seiner Inventur folgende Bestandswerte (in €):

Anlagevermögen	84.000
Umlaufvermögen	127.000
Verbindlichkeiten g. Kreditinstitute	59.000
Verbindlichkeiten g. Lieferanten	67.000

Ermitteln Sie das Eigenkapital!

Lösung:

AV	84.000	
UV	127.000	

Vermögen insgesamt		211.000
FK Kreditinstitute	59.000	
Lieferanten	67.000	

FK insgesamt		126.000

EK		85.000
		======

Aufgabe A 2 / 2:

Ermitteln Sie das Eigenkapital und erstellen Sie die Bilanz:

Ein Kaufmann ermittelt als Ergebnis seiner Inventur per 31.12. folgende Bestandswerte (in €):

Verbindlichkeiten gegenüber Lieferanten	15.000
Forderungen gegenüber Kunden	19.000
Kassenbestand	1.000
Darlehensschulden	30.000
Bankguthaben	3.000
Geschäftsausstattung	4.000
Rohstoffe	43.000

Lösung:

Aktiva (Vermögen) (Kapitalverwendung)		Bilanz	Passiva (Kapital) (Kapitalherkunft)
Anlagevermögen		**Eigenkapital**	25.000
Geschäftsausstattung	4.000	**Fremdkapital**	
Umlaufvermögen		Darlehensschulden.	30.000
Rohstoffe	43.000	Verbindlichkeiten	15.000
Forderungen	19.000		
Kasse	1.000		
Bank	3.000		
	70.000		70.000

Aufgabe A 2 / 3:

Erstellen Sie eine Bilanz aus folgenden Inventurwerten (Beträge in €):

Darlehensschulden	50.000
Fertigerzeugnisse	16.000
Maschinen	30.000
Verbindlichkeiten	40.000
Bebaute Grundstücke	70.000
Bankschulden	8.000
Forderungen	36.000
Kassenbestand	2.000
Rohstoffe	4.000

Lösung im Lösungsteil

2.2 Die Buchführung als Fortschreibung der Bilanz

Lernziele:
• *Verstehen des Zusammenhangs zwischen Schlussbilanz des Vorjahres und Eröffnungsbilanz des laufenden Jahres* • *Die Buchführung verstehen lernen als eine Methode zur Fortschreibung der Bilanz* • *Fähigkeit zum Nachvollziehen der bestandsverändernden Wirkungen von Geschäftsvorfällen auf die Bilanz*

Die per 31.12. ermittelten Schlussbestände der Aktiva und Passiva sind zugleich die Anfangsbestände per 01.01. des nachfolgenden Geschäftsjahres. Somit ist die aus der Inventur hervorgegangene Schlussbilanz des abgelaufenen Geschäftsjahres identisch mit der Eröffnungsbilanz des neuen Geschäftsjahres. Um auch **während** des Geschäftsjahres jederzeit einen Überblick über die Vermögens- und Schuldensituation gewinnen zu können, müssen die **Veränderungen der Anfangsbestände** kontinuierlich aufgezeichnet werden.

Wie dies durch jeweilige Fortschreibung der Bilanzwerte erfolgen könnte, soll - ausgehend von einer aus didaktischen Gründen stark vereinfachten Bilanz - anhand von vier typischen Geschäftsvorfällen und ihren bilanzverändernden Wirkungen in einem Schaubild gezeigt werden. (Vgl. Abb. 1)

(Der Leser sollte diese exemplarischen Geschäftsvorfälle und ihre Wirkungen auf die Bilanz intensiv nachvollziehen und sich um ihr vollständiges Verstehen bemühen, weil hiermit die elementaren Grundlagen der Buchhaltung dargestellt werden, deren Verständnis für alle weiteren vertiefenden Darlegungen unverzichtbar sind.)

Abbildung 1: Bilanzwaage

Geschäftsvorfall	Betrag in €	Bestandsverändernde Wirkung in der Bilanz	
		Konkret (Betrag in €)	verallgemeinert
1) Kunde begleicht eine Rechnung in bar	5.000	Kasse + 5.000 Forderungen - 5.000	Tausch zwischen zwei Positionen der Aktivseite ("Aktivtausch"); Bilanzsumme unverändert
2) Eine (kurzfristige) Verbindlichkeit wird in ein langfristiges Darlehen umgewandelt	7.000	Verbindlichkeiten - 7.000 Darlehensschulden + 7.000	Tausch zwischen zwei Positionen der Passivseite ("Passivtausch"); Bilanzsumme unverändert
3) Einkauf von Rohstoffen auf Ziel (d.h. gegen Rechnung)	4.000	Rohstoffe + 4.000 Verbindlichkeiten + 4.000	Vermehrung je einer Aktiv- und Passivposition ("Bilanzverlängerung"); Bilanzsumme wird größer
4) Wir begleichen eine Rechnung durch Banküberweisung	2.000	Verbindlichkeiten - 2.000 Bank - 2.000	Verminderung je einer Aktiv- und Passivposition ("Bilanzverkürzung"); Bilanzsumme wird kleiner

Aktiva — Bilanz (Beträge in €) — Passiva

	AB	Veränderter Bestand nach Geschäftsvorfall					AB	Veränderter Bestand nach Geschäftsvorfall			
		1	2	3	4			1	2	3	4
Rohstoffe	35.000	35.000	35.000	**39.000**	39.000	Eigenkapital	40.000	40.000	40.000	40.000	40.000
Forderung	30.000	**25.000**	25.000	25.000	25.000	Darlehnsschuld	35.000	35.000	**42.000**	42.000	42.000
Kasse	10.000	**15.000**	15.000	15.000	15.000	Verbindlichkeit	25.000	25.000	**18.000**	**22.000**	**20.000**
Bank	25.000	25.000	25.000	25.000	**23.000**						
	100.000	100.000	100.000	**104.000**	**102.000**		100.000	100.000	100.000	**104.000**	**102.000**

Andere als die vier im Schaubild verallgemeinert dargestellten Wirkungen auf die Bilanz sind nicht möglich; daher müssen sämtliche konkreten Geschäftsvorfälle einem der vier aufgezeigten Grundtypen entsprechen. Stets werden (mindestens) zwei Positionen der Bilanz verändert, und zwar entweder als Tauschvorgang auf derselben Bilanzseite oder als gleichgerichtete Veränderung auf beiden Seiten.

Die dargestellte Vorgehensweise bei der Aufzeichnung von Geschäftsvorfällen ist ein mögliches Verfahren der kaufmännischen Buchführung. Es verdeutlicht, dass das System der Buchführung auf einer Fortschreibung der Bilanz beruht. Das gezeigte Verfahren hat jedoch gravierende Nachteile. So wäre ein stärkerer Buchungsanfall kaum zu bewältigen, und die Bilanz würde wegen des Umfangs an Veränderungen sehr unübersichtlich werden; vor allem aber wäre die Aussagefähigkeit einer solchen Buchführung derart begrenzt, dass sie ihrer Informationsfunktion nicht gerecht werden könnte, weil sie lediglich die aktuellen Bestände zeigen würde, nicht aber das betriebliche Geschehen in seinen Wirkungen abbilden würde. Deshalb hat die kaufmännische Buchführung ein zweckmäßigeres System entwickelt, das auf den Italiener Luca Pacioli (15. Jahrhundert) zurückgeht.

2.3 Das System der Buchführung in kontenmäßiger Darstellung

Lernziele:
• *Kenntnis der charakteristischen Merkmale eines Kontos* • *Fähigkeit zur Unterscheidung zwischen Aktivkonten und Passivkonten* • *Sicheres Beherrschen der Zuordnung der Anfangsbestände sowie der Bestandsmehrungen und –minderungen zur richtigen Kontoseite* • *Fähigkeit zur Erklärung des Begriffs Saldo* • *Beherrschen der buchhalterischen Ermittlung des Endbestandes in einem Bestandskonto* • *Kenntnis der formalen Anforderungen an einen systematisch korrekten Kontenabschluss* • *Fähigkeit zur Erläuterung des Zusammenhangs zwischen Schlussbilanzkonto und Schlussbilanz*

Um in der Buchführung die laufenden Bestandsveränderungen erfassen zu können, wird zunächst, ausgehend von der Eröffnungsbilanz, für jede Bestandsart eine eigene Rechnung erstellt. Hierzu wird für jede Bilanzposition ein eigenes **Konto** eingerichtet. Für die Aktiva werden sogenannte **Aktivkonten**, für die Passiva sogenannte **Passivkonten** gebildet. Diese aus der Bilanz abgeleiteten Konten, in denen die Bestandsveränderungen erfasst werden, nennt man **Bestandskonten** (oder **Bilanzkonten**).

Ein **Konto** ist eine Rechnung in einer zweiseitigen Darstellungsform; die linke Seite wird mit **Soll (S)**, die rechte Seite mit **Haben (H)** bezeichnet.

(Die Bezeichnungen Soll und Haben für die beiden Kontenseiten sind kaufmännische Termini, die leider nicht das Verständnis für die richtige Buchung erleichtern, sondern eher zu Missverständnissen Anlass geben. Der Anfänger sollte deshalb unter allen Umständen der Versuchung widerstehen, aus der inhaltlichen Bedeutung der Hilfsverben "sollen" und "haben" ableiten zu wollen, auf welcher Seite eines Kontos eine Buchung vorzunehmen ist. Stattdessen sollte sich der Anfänger nachfolgende Festlegungen sicher einprägen.)

Aus der Eröffnungsbilanz sind die Anfangsbestände bekannt. Sie werden im Konto jeweils auf derselben Seite eingetragen ("gebucht"), auf der sie in der Bilanz stehen:

Anfangsbestände (AB) der **Aktiva** im **Soll** der **Aktivkonten,**

Anfangsbestände (AB) der **Passiva** im **Haben** der **Passivkonten.**

Die Veränderungen der Anfangsbestände können in Form von Zugängen oder Abgängen auftreten. Dementsprechend können sie zu Mehrungen oder zu Minderungen führen. Die **Mehrungen** werden stets **auf der Seite der Anfangsbestände** gebucht, **Minderungen auf der dem Anfangsbestand gegenüberliegenden Seite**. Daraus folgt:

- In **Aktivkonten** sind
  - **Zugänge** im **Soll**
  - **Abgänge** im **Haben** zu buchen.

- In **Passivkonten** sind
  - **Zugänge** im **Haben**
  - **Abgänge** im **Soll** zu buchen.

Der aktuelle Bestand bzw. (am Ende eines Abrechnungszeitraums) der Endbestand (EB) kann dann jeweils rechnerisch ermittelt werden aus der Gleichung:

EB = AB + Zugänge - Abgänge

Die **Ermittlung des Endbestandes** erfolgt buchhalterisch **durch Abschluss der Konten**. Der buchhalterische Abschluss eines Kontos erfolgt technisch in folgenden Schritten:

(1) Auf der wertmäßig größeren Kontoseite Addition der Beträge (= AB + Zugänge) und Niederschreiben der Summe in der nächsten Zeile;
(2) Übertragung dieser Summe auf die wertmäßig kleinere Kontoseite, so dass die Summen auf beiden Seiten des Kontos in der gleichen Zeile stehen;
(3) auf der wertmäßig kleineren Seite Ermittlung des Differenzbetrages (= Summe - Abgänge). Dieser Differenzbetrag wird als **„Saldo“** bezeichnet. Dieser Saldo wird als Ergänzungsbetrag in der Zeile unter den Abgängen eingefügt, so dass nunmehr die Summe auch auf dieser Seite stimmt.
Dieser Saldo ist logischerweise der Endbestand.

Die durch Abschluss der Konten ermittelten Endbestände werden in einem weiteren Konto gesammelt, dem **Schlussbilanzkonto (SBK)**. Dabei werden die Endbestände der Konten jeweils auf der Gegenseite des SBK gegengebucht:

> Die **EB** der **Aktivkonten** stehen auf der **Habenseite** und werden im **Soll** des **SBK** gegengebucht;
> die **EB** der **Passivkonten** stehen auf der **Sollseite** und werden im **Haben** des **SBK** gegengebucht.

Unter der Voraussetzung, dass bei allen eingetretenen Bestandsveränderungen in systemgerechter Weise jeweils die gleichen Beträge auf einem Konto im Soll und auf dem Gegenkonto im Haben gebucht worden sind, müssten nun die Summen auf beiden Seiten des SBK gleich sein. Darin besteht die "Genialität" des Systems der kaufmännischen Buchführung.

Die Übereinstimmung der Summen auf der Soll- und der Habenseite des SBK ist Indiz für die Korrektheit aller ausgeführten Buchungen, weil sie beweist, dass stets im Soll und im Haben gleich große Beträge gebucht worden sind. Aber die Übereinstimmung der Summen auf der Sollseite und der Habenseite des SBK ist kein Garant für die Richtigkeit aller Buchungen; denn die Summen im Soll und im Haben würden auch dann übereinstimmen, wenn Soll- und Habenbuchungen in den Konten in fehlerhafter Weise seitenverkehrt vorgenommen worden sind.

Wenn zusätzlich zur Richtigkeit aller Buchungen auch unterstellt werden kann, dass die in der Buchführung erfassten Bestandsveränderungen den tatsächlichen Veränderungen entsprechen, also z.B. keine tatsächlichen Veränderungen durch unbemerkten (und deshalb buchhalterisch nicht erfassten) Schwund, Verderb, Diebstahl o.ä. eingetreten sind, müsste das SBK die gleichen Endbestände ausweisen, wie sie sich zu diesem Zeitpunkt aus einer Inventur ergeben hätten.

Die buchmäßig ermittelten Endbestände werden auch als **Buchbestände oder Soll-Bestände** bezeichnet, die durch Inventur erfassten Bestände dagegen als **Inventurbestände oder Ist-Bestände**.

Wenn unter den genannten Prämissen gilt:

> Soll-Bestände = Ist-Bestände,
> (Buchbestände = Inventurbestände),

sind die Inhalte des SBK und der Schlussbilanz identisch; lediglich die Seitenbezeichnungen lauten unterschiedlich: im SBK Soll bzw. Haben, in der Schlussbilanz Aktiva bzw. Passiva.

Folgendes Bild der Buchungen der Bestände und Bestandsveränderungen muss man sich fest einprägen und sicher beherrschen, weil es die Grundlage für die Beherrschung der Buchführung darstellt:

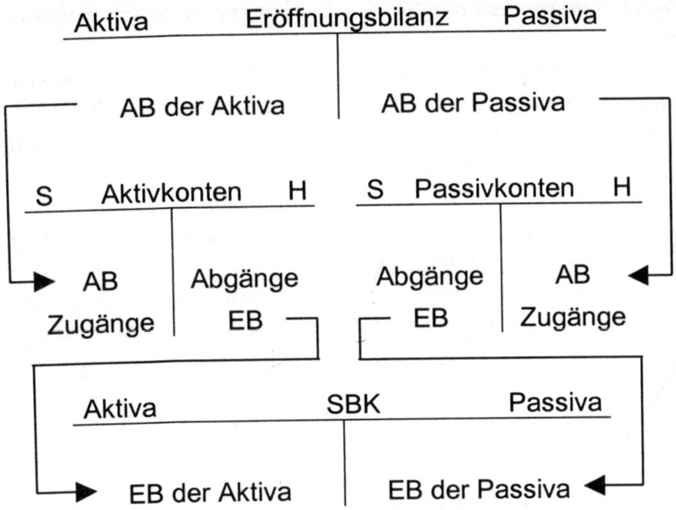

Die einzelnen Schritte der buchhalterischen Ermittlung des Endbestandes sollen anhand eines einfachen Beispiels im Aktivkonto Kasse dargestellt werden:

S		Kasse			H
AB		300	Abgang		900
Zugang		800	Abgang		400
Zugang		600	EB	(3)	500
Zugang		100			
	(1)	1.800		(2)	1.800

(1) Summe der wertmäßig größeren Seite bilden
AB + Zugänge 1.800
(2) Die Summe (1) auf die andere Kontenseite übertragen
(3) Von der Summe (2) die Summe der gebuchten Abgänge subtrahieren:

Summe (2)	1.800
- Summe Abgänge	1.300
= Saldo (= EB)	500

2.4 Die Buchung laufender Geschäftsvorfälle in Bestandskonten

Lernziele:

- *Sicheres Beherrschen der für den Buchungsvorgang zu beantwortenden Fragen*
- *Sicheres Beherrschen der Zuordnung von Bestandsveränderungen zu den angesprochenen Konten und zu der zu buchenden Kontoseite*
- *Erkennen und Verstehen der Grundregel der Buchführung „Sollbuchung = Habenbuchung")*
- *Kenntnis der Funktion des Eröffnungsbilanzkontos*
- *Fähigkeit zum Nachvollziehen eines vollständigen Geschäftsgangs in kontenmäßiger Darstellung*
- *Fähigkeit zur selbständigen buchhalterischen Durchführung eines Geschäftsgangs mit bestandsverändernden Geschäftsvorfällen*

Die richtige Buchung eines Geschäftsvorfalles in einem Konto verlangt die konsequente Beantwortung folgender Fragen:

(1) Welche Bestände ändern sich durch den Geschäftsvorfall? (Welche Konten werden angesprochen?)

(2) Sind die angesprochenen Konten Aktiv- oder Passivkonten?

(3) Führt der Geschäftsvorfall bei diesem Bestand zu einem Zugang oder Abgang?

Aus der Beantwortung der Fragen (2) und (3) ergibt sich die Antwort die Frage:

(4) Auf welcher Seite des Kontos ist zu buchen (Soll oder Haben)?

Auf die vier Grundtypen von Geschäftsvorfällen der Abbildung 1 angewendet, ergibt sich:

1) Kunde begleicht Rechnung in bar	€ 5.000
2) Umwandlung einer Verbindlichkeit in eine Darlehensschuld	€ 7.000
3) Zieleinkauf von Rohstoffen	€ 4.000
4) Ausgleich einer Liefererrechnung durch Banküberweisung	€ 2.000

(1)	(2)	(3)	(4)	
Angesprochene Konten	A oder P?	+ oder - ?	S oder H?	Betrag(€)
1) Kasse	A	+	S	5.000
Forderungen	A	-	H	5.000
2) Verbindlichkeiten	P	-	S	7.000
Darlehensschulden	P	+	H	7.000
3) Rohstoffe	A	+	S	4.000
Verbindlichkeiten	P	+	H	4.000
4) Verbindlichkeiten	P	-	S	2.000
Bank	A	-	H	2.000

Diese Beispiele verdeutlichen zugleich noch einmal die Grundregel im System der kaufmännischen Buchführung:

Jeder Geschäftsvorfall muss mit dem gleichen Betrag im Soll und im Haben gebucht werden!

Wer bei einer Buchung irgendeines Geschäftsvorfalls zu einer anderen Lösung kommen sollte, hat falsch gebucht; denn diese Grundregel ist systemimmanent!

Nur wenn die Regel Sollbuchung = Habenbuchung ausnahmslos eingehalten wird, "stimmt" das SBK, d.h.

Summe der Endbestände der Aktiva = Summe der Endbestände der Passiva

Die absolute Gültigkeit der Regel "Sollbuchung = Habenbuchung" soll zur Untermauerung noch an zwei Varianten zu den Geschäftsvorfällen 1) und 4) belegt werden:

1a) Variante zu Geschäftsvorfall 1):

Der Kunde zahlt den Betrag von € 5.000 nicht in voller Höhe in bar, sondern lediglich € 1.000 in bar und die restlichen € 4.000 per Bankscheck. In diesem Fall werden **mehr als zwei Konten** angesprochen. Dennoch führen die Buchungsfragen zu dem Ergebnis, dass **im Soll und im Haben insgesamt die gleichen Beträge** gebucht werden, allerdings **verteilt auf mehrere Konten**. Die Regel gilt hier in ihrer erweiterten Form "Summe Sollbuchungen = Summe Habenbuchungen".

Im Schaubild der Erfragung der Buchungen würde sich diese Variante 1a) wie folgt darstellen:

1a)	Kasse	A	+	S	1.000
	Bank(guthaben)	A	+	S	4.000
	Forderungen	A	-	H	5.000

4a) Variante zu Geschäftsvorfall 4):

Das Bankkonto kann als Kontokorrentkonto einen Guthabensaldo **oder** (bei Überziehung des Kontos) einen Schuldseite aufweisen. Demzufolge kann das Konto Bank in der Buchführung mal den Charakter eines Aktivkontos (Bankguthaben), mal den eines Passivkontos (Bankschulden) haben, je nach dem, welchen Saldo es aktuell aufweist. Als Kontobezeichnung genügt daher die wertneutrale Bezeichnung "Bank".

Wiese das Bankkonto vor dem Geschäftsvorfall 4) wegen Überziehung des Kontos einen Schuldsaldo auf, stellte es Fremdkapital dar und hätte den Charakter eines Passivkontos. Dennoch müsste trotzdem Falle im Haben gebucht werden, weil die Belastung durch die Banküberweisung nunmehr eine Mehrung des Passivbestandes Bankschulden darstellte.

4a)	Bank(schulden)	P	+	H	2.000
	Verbindlichkeiten	P	-	S	2.000

Eröffnungsbilanzkonto

Um die Grundregel Sollbuchung = Habenbuchung ohne jede Ausnahme einzuhalten, muss - abweichend von der bisher dargestellten Form der Kontoeröffnung - auch für die Buchung der Anfangsbestände eine entsprechende Gegenbuchung in einem anderen Konto vorgenommen werden.

Zu diesem formalen Zweck wird ein zusätzliches Sammelkonto eingeführt, in dem sämtliche Eröffnungsbuchungen gegengebucht werden. Dieses Konto weist dann im Soll die AB aller Passiva und im Haben die AB aller Aktiva aus und stellt sich somit als das seitenverkehrte Spiegelbild der Eröffnungsbilanz dar. Da es sich jedoch (als Bestandteil der Buchführung) um ein Konto mit den Seitenbezeichnungen Soll und Haben handelt, wird es als **Eröffnungsbilanzkonto (EBK)** bezeichnet.

Dieses EBK ist nach Vornahme aller Eröffnungsbuchungen ausgeglichen und erfährt danach keinerlei Veränderungen mehr; es hat also keine materielle Bedeutung, sondern dient lediglich der Erfüllung formeller Anforderungen der doppelten Buchführung ("Doppik"). Wegen seiner inhaltlichen Bedeutungslosigkeit soll es in den späteren Darstellungen von uns vernachlässigt werden.

Wir kommen nun auf die im Abschnitt 2.2 als Bilanzfortschreibung behandelten vier Grundtypen von Geschäftsvorfällen zurück und zeigen, wie diese Fälle im kaufmännischen Buchführungssystem **in Kontoform** darzustellen sind. Ausgangspunkt ist wieder unsere angenommene Eröffnungsbilanz:

A	Eröffnungsbilanz		P
Rohstoffe	35.000	Eigenkapital	40.000
Forderungen	30.000	Darlehensschulden	35.000
Kasse	10.000	Verbindlichkeiten	25.000
Bank	25.000		
	100.000		100.000

Daraus entnehmen wir die Information über die Anfangsbestände und beginnen unser Buchungssystem mit der Eröffnung der Konten (Gegenbuchung EBK), buchen die vier Geschäftsvorfälle in den Konten und schließen dann die Konten ab, indem wir die Endbestände ermitteln und im SBK gegenbuchen.

S — EBK — H

Eigenkapital	40.000	Rohstoffe	35.000
Darlehensschulden	35.000	Forderungen	30.000
Verbindlichkeiten	25.000	Kasse	10.000
		Bank	25.000
	100.000		100.000

S — Rohstoffe — H

AB	35.000	EB	39.000
3)	4.000		
	39.000		39.000

S — Forderungen — H

AB	30.000	1)	5.000
		EB	25.000
	30.000		30.000

S — Kasse — H

AB	10.000	EB	15.000
1)	5.000		
	15.000		15.000

S — Bank — H

AB	25.000	4)	2.000
		EB	23.000
	25.000		25.000

S — Darlehensschulden — H

EB	42.000	AB	35.000
		2)	7.000
	42.000		42.000

S — Verbindlichkeiten — H

2)	7.000	AB	25.000
4)	2.000	3)	4.000
EB	20.000		
	29.000		29.000

S — Eigenkapital — H

EB	40.000	AB	40.000

S — SBK — H

Rohstoffe	39.000	Eigenkapital	40.000
Forderungen	25.000	Darlehensschulden	42.000
Kasse	15.000	Verbindlichkeiten	20.000
Bank	23.000		
	102.000		102.000

Aufgabe A 2 / 4:

Buchung bestandsverändernder Geschäftsvorfälle

Anfangsbestände: (alle Beträge in €)

Maschinen	50.000	Bank (Guthaben)	12.000
Rohstoffe	25.000	Darlehensschulden	42.000
Forderungen	48.000	Verbindlichkeiten	35.000
Kasse	15.000	Eigenkapital	73.000

Geschäftsvorfälle:

1) Kauf von Rohstoffen gegen Barzahlung	7.500
2) Kunde begleicht Rechnung durch Banküberweisung	10.000
3) Kauf einer Maschine auf Ziel	12.000
4) Tilgung von Darlehensschulden durch Banküberweisung	5.000
5) Bareinzahlung auf Bankkonto	2.500

Buchung:

(1) Welche Konten werden berührt?	(2) Aktiv-/ Passivkonto?	(3) Bestandsmehrung/ -minderung?	(4) Buchung im Soll/Haben?
1) Rohstoffe	A	+	S
Kasse	A	-	H
2) Bank			
Forderungen			
3) Maschinen			
Verbindlichkeiten			
4)			
5)			

Lösung:

1) Rohstoffe	A	+	S	7.500
Kasse	A	-	H	7.500
2) Bank	A	+	S	10.000
Forderungen	A	-	H	10.000
3) Maschinen	A	+	S	12.000
Verbindlichkeiten	P	+	H	12.000
4) Darlehensschulden	P	-	S	5.000
Bank	A	-	H	5.000

5) Bank	A	+	S	2.500
Kasse	A	-	H	2.500

A	Eröffnungsbilanz		P
Maschinen	50.000	Eigenkapital	73.000
Rohstoffe	25.000	Darlehensschulden	42.000
Forderungen	48.000	Verbindlichkeiten	35.000
Kasse	15.000		
Bank	12.000		
	150.000		150.000

S	Maschinen		H
AB	50.000	EB	62.000
3)	12.000		
	62.000		62.000

S	Eigenkapital		H
EB	73.000	AB	73.000

S	Rohstoffe		H
AB	25.000	EB	32.500
1)	7.500		
	32.500		32.500

S	Darlehensschulden		H
4)	5.000	AB	42.000
EB	37.000		
	42.000		42.000

S	Forderungen		H
AB	48.000	2)	10.000
		EB	38.000
	48.000		48.000

S	Verbindlichkeiten		H
EB	47.000	AB	35.000
		3)	12.000
	47.000		47.000

S	Kasse		H
AB	15.000	1)	7.500
		5)	2.500
		EB	5.000
	15.000		15.000

S	Bank		H
AB	12.000	4)	5.000
2)	10.000	EB	19.500
5)	2.500		
	24.500		24.500

S	SBK		H
Maschinen	62.000	Eigenkapital	73.000
Rohstoffe	32.500	Darlehensschulden	37.000
Forderungen	38.000	Verbindlichkeiten	47.000
Kasse	5.000		
Bank	19.500		
	157.000		157.000

Aufgabe A 2 / 5: Geschäftsgang mit Bestandsänderungen (alle Beträge in €)

A	Eröffnungsbilanz		P
Gebäude	86.000	Eigenkapital	117.000
Maschinen	63.000	Darlehensschulden	89.000
Geschäftsausstattung	18.000	Verbindlichkeiten	48.000
Rohstoffe	54.000	Bankschulden	35.000
Forderungen	61.000		
Kasse	7.000		
	289.000		289.000

Geschäftsvorfälle:

1) Barkauf eines Faxgeräts	1.000
2) Banküberweisung von Kunden	32.000
3) Bareinzahlung auf Bankkonto	5.000
4) Zieleinkauf von Rohstoffen	3.000
5) Aufnahme eines Bankdarlehens (Gutschrift auf Girokonto)	10.000
6) Verkauf einer gebrauchten Maschine gegen Bankscheck	4.000
7) Begleichung von Liefererschulden durch Banküberweisung	9.000

Aufgabenstellung:

1. Eröffnung der Konten (Konten einrichten und AB vortragen)
2. Angabe der Buchung in der Form:

(1)	(2)	(3)	(4)	
Welche Konten?	A/P?	+/-?	S/H?	Betrag!

3. Buchung der Geschäftsvorfälle in Konten
4. Abschluss der Konten (Endbestände ermitteln und im SBK gegenüberstellen)

Lösung im Lösungsteil

2.5 Der Buchungssatz als Ausdrucksmittel für Buchungsanweisungen

Lernziele:

- *Verstehen der Funktion des Buchungssatzes*
- *Beherrschen der formgerechten Umsetzung eines Geschäftsvorfalles in einen Buchungssatz*
- *Kenntnis verschiedener Schreibweisen für einfache und zusammengesetzte Buchungssätze*
- *Fähigkeit zur Bildung von Buchungssätzen*
- *Fähigkeit zur Ableitung eines ursächlichen Geschäftsvorfalles aus einem Buchungssatz*

Für die richtige **Umsetzung eines Geschäftsvorfalles** in eine buchhalterisch verwertbare Form muss man wissen, in welchen Konten auf welcher Seite welcher Betrag gebucht werden muss. Dies setzt buchhalterische Kenntnisse voraus. Die korrekte **Ausführung der Buchung** bedarf demgegenüber keiner speziellen Qualifikation; sie setzt lediglich eine unmissverständliche Buchungsanweisung voraus. Als geeignetes Ausdrucksmittel einer Anweisung für die richtige Buchung eines Geschäftsvorfalles in knapper, hinreichender Form wird der sogenannte **"Buchungssatz"** verwendet.

Der Buchungssatz nennt die berührten Konten in der Reihenfolge:

Zuerst Konto mit Buchung auf der Sollseite (**Sollbuchung**),
danach Konto mit Buchung auf der Habenseite (**Habenbuchung**).

Die Reihenfolge wird verdeutlicht durch die vorangestellten Hilfswörter:

per (Sollbuchungskonto) **an** (Habenbuchungskonto)

Für den Geschäftsvorfall
Bareinzahlung auf Bankkonto € 3.000
lautet der **Buchungssatz** also
per Bank € 3.000 an Kasse € 3.000

In der Praxis sind auch andere Schreibweisen für Buchungssätze gebräuchlich:

1. Als sogenannte **"Journalbuchung"** wird der Buchungssatz durch Zuordnung der Beträge in die Soll- bzw. in die Habenspalte nach folgendem Schema geschrieben:

Beleg	Kontobezeichnung	Betrag in €	
		S	H
BA 1 (Bankauszug)	Bank (an) Kasse	3.000	3.000

2. Bei einer anderen **verkürzten Schreibweise,** wird die Bedeutung der Hilfswörter "per" und "an" dadurch ersetzt, dass die Trennung zwischen Sollbuchung und Habenbuchung durch einen vertikalen Mittelstrich markiert wird:

   Bank 3.000 / Kasse 3.000

   Diese einfache und übersichtliche Schreibweise wird in diesem Buch überwiegend Anwendung finden.

Werden wie in Geschäftsvorfall 1 a) (vgl. Abschnitt 2.4) mehr als zwei Konten angesprochen, lässt sich ein **"zusammengesetzter" Buchungssatz** bilden:

1a)	per Kasse	1.000		
	per Bank	4.000	an Forderungen	5.000

oder in anderer Schreibweise:

Kasse	1.000	/	Forderungen	5.000
Bank	4.000	/		

Interpretation von Buchungssätzen

Aus Buchungen in den Konten bzw. aus Buchungssätzen lassen sich auch umgekehrt (z.B. zwecks Kontrolle der Richtigkeit der vorgenommenen Buchung) der zugrundeliegende Geschäftsvorfall interpretieren. Hierzu sind die Überlegungen, die bei einem Geschäftsvorfall zur Bildung eines Buchungssatzes führen, in umgekehrter Reihenfolge anzustellen:

Der Buchungssatz

per Kasse 5.000 an Forderungen 5.000

bedeutet:

Kasse im Soll gebucht, Kasse ist ein Aktivkonto, bei Aktivkonten bedeutet Sollbuchung Mehrung des Anfangsbestandes;
Konto Forderungen ist ein Aktivkonto, Buchung im Haben bedeutet dann Minderung des Anfangsbestandes;
also hat der Geschäftsvorfall einerseits zu einer Mehrung des Kassenbestandes, andererseits zu einer Minderung der Forderungen geführt; diese Kombination bedeutet logischerweise, dass ein Kunde eine Rechnung in bar beglichen hat; also musste der Geschäftsvorfall lauten:

Kunde begleicht Rechnung in bar € 5.000.

Aufgabe A 2 / 6: Bildung von Buchungssätzen

Bilden Sie die Buchungssätze in der Form

(Sollbuchung) (Betrag) / (Habenbuchung) (Betrag)

zu folgenden Geschäftsvorfällen (Beträge jeweils in €):

1) Barabhebung vom Bankkonto	2.000
2) Tilgung einer Darlehensschuld durch Belastung des Girokontos	3.000
3) Einkauf von Rohstoffen	10.000
gegen Barzahlung	1.000
gegen Bankscheck	2.000
auf Ziel (d.h. gegen Rechnung)	7.000
4) Kunden begleichen ihre Schulden	8.000
durch Barzahlung	3.000
durch Banküberweisung	5.000

Lösung im Lösungsteil

Aufgabe A 2 / 7: Interpretieren von Buchungssätzen

Geben Sie zu folgenden Buchungssätzen die zugrunde liegenden Geschäftsvorfälle an (Beträge in €):

1) Bank	50.000	/ Hypothekendarlehen	50.000
2) Verbindlichkeiten	32.000	/ Kasse	1.000
		/ Bank	6.000
		/ Darlehensschulden	25.000
3) Geschäftsausstattung	10.000	/ Kasse	2.000
		/ Bank	8.000
4) Bank	4.000	/ Kasse	4.000

Lösung im Lösungsteil

3. Kapitel: Die Buchung eigenkapitalverändernder Vorgänge

3.1 Aufwendungen und Erträge

Lernziele:
• *Fähigkeit zum Erkennen der Ursachen von Eigenkapitalveränderungen* • *Fähigkeit zum Nachvollziehen eigenkapitalverändernder Wirkungen von Geschäftsvorfällen* • *Beherrschen der Begriffsinhalte Aufwand und Ertrag* • *Verstehen des kausalen Zusammenhangs zwischen Aufwand/Ertrag und Gewinn/Verlust* • *Fähigkeit zur Nennung von typischen Beispielen für Aufwendungen und Erträge in einem Produktionsbetrieb*

Alle bisherigen Buchungen haben das Eigenkapital unverändert gelassen. Ein positiver oder negativer wirtschaftlicher Erfolg in einer Rechnungsperiode, ausgedrückt als Gewinn oder Verlust, verändert jedoch das Eigenkapital. Daher sind die für die Veränderung der wirtschaftlichen Lage wichtigeren (und zahlreicheren) Geschäftsvorfälle jene, die das Eigenkapital und damit die Differenz zwischen Vermögen und Schulden verändern.

Das sind solche Fälle, die
a) ohne Veränderung der Schulden
   a1) das Vermögen vermindern → Eigenkapitalminderung
   a2) das Vermögen vermehren → Eigenkapitalmehrung

b) ohne Veränderung des Vermögens
   b1) die Schulden vermehren → Eigenkapitalminderung
   b2) die Schulden vermindern → Eigenkapitalmehrung

Beispiele für solche Geschäftsvorfälle sind:
a1) Entnahme von Bargeld € 600, um den Wochenlohn an einen Mitarbeiter als Gegenleistung für dessen Arbeitsleistung am Fälligkeitstag zu zahlen. Dieser Geschäftsvorfall führt bei unveränderten Schulden zu einer Minderung des Vermögens (Kasse), also zwingend zu einer **Minderung des Eigenkapitals**.
a2) Unser Mieter zahlt bei Fälligkeit die Miete in bar € 1.000. Dieser Geschäftsvorfall führt bei unveränderten Schulden zu einer Mehrung des Vermögens (Kasse), also zwingend zu einer **Mehrung des Eigenkapitals**.
b1) Unsere Bank belastet unser Darlehenskonto mit den fälligen Zinsen in Höhe von € 800.

Dieser Geschäftsvorfall führt bei unverändertem Vermögen zu einer Mehrung der Schulden (Darlehensschulden), also zwingend zu einer **Minderung des Eigenkapitals**.

b2) Ein Lieferant gewährt uns für die Vermittlung eines neuen Kunden eine Provision in Höhe von € 700, die er zu Gunsten unserer Verbindlichkeiten gutschreibt.
Dieser Geschäftsvorfall führt bei unverändertem Vermögen zu einer Minderung der Schulden (Verbindlichkeiten), also zwingend zu einer **Mehrung des Eigenkapitals**.

Die Fälle a1) und b1) führen zu einer Minderung des Eigenkapitals; sie stellen einen **wertmäßigen Verzehr von Gütern oder Diensten in der Rechnungsperiode** dar und werden als **Aufwand (Aufwendungen)** bezeichnet; sie **vermindern den Erfolg**.

Die Fälle a2) und b2) führen zu einer Mehrung des Eigenkapitals; sie stellen **Wertzuflüsse in der Rechnungsperiode** dar und werden als **Ertrag (Erträge)** bezeichnet; sie **mehren den Erfolg**.

Die Höhe der Aufwendungen (A) und Erträge (E) bestimmt den wirtschaftlichen Erfolg in einer Rechnungsperiode:

$E > A \rightarrow$ Gewinn
$E < A \rightarrow$ Verlust.

Aufwendungen fallen in einem produzierenden Betrieb insbesondere für den Einsatz von Personal, für den Materialverbrauch, für die Nutzung von Gebäuden und Maschinen, aber auch für Werbung, für Versicherungen, für fällige Steuern, Zinsen, Mieten und ähnliches an.

Erträge ergeben sich insbesondere als Umsatzerlöse aus dem Verkauf der produzierten Erzeugnisse, aber auch aus Zinsgutschrift, Vermietung, Provisionen und ähnlichem.

3.2 Die Buchung in Erfolgskonten

3.2.1 Das System der Erfolgsbuchungen

Lernziele:

- *Erkennen der Nachteile von Erfolgsbuchungen im Konto Eigenkapital und Einsicht in die Zweckmäßigkeit zur Bildung von Unterkonten*
- *Fähigkeit zur Erläuterung der charakteristischen Merkmale von Aufwands- und Ertragskonten*
- *Kenntnis der Funktion des Gewinn- und Verlustkontos*
- *Beherrschen der Buchung in Erfolgskonten und deren Abschluss*
- *Fähigkeit zum Nachvollziehen der buchhalterischen Durchführung eines Geschäftsganges mit Erfolgsvorgängen*

Im Passivkonto Eigenkapital müssen sich Minderungen (= Aufwendungen) im Soll und Mehrungen (= Erträge) im Haben niederschlagen. Die Buchung der Beispielfälle a1) bis b2) ergibt im Eigenkapitalkonto folgendes Bild (Beträge in €):

S	Eigenkapital		H
a1) Lohnaufwand	600	AB	40.000
b1) Zinsaufwand	800	a2) Mieterträge	1.000
SB	40.300	b2) Provisionserträge	700
	41.700		41.700

Die Buchung sämtlicher eigenkapitalverändernder (erfolgswirksamer) Vorgänge im Eigenkapitalkonto hätte jedoch erhebliche Nachteile:

- Wegen der großen Anzahl der erfolgswirksamen Vorgänge würde das Eigenkapitalkonto unübersichtlich werden.
- Der Erfolg würde lediglich in undifferenzierter Form aus der Veränderung des Eigenkapitalbestandes ersichtlich sein. Der Kaufmann muss jedoch nicht nur wissen, ob er in der Geschäftsperiode insgesamt einen Gewinn oder Verlust in einer bestimmten Höhe erwirtschaftet hat, sondern er benötigt als wirtschaftliche Entscheidungsgrundlage detaillierte Informationen über die Quellen (Ursachen) seines Erfolgs oder Misserfolgs. Diesen Informationsanforderungen muss die Buchführung gerecht werden.

Zwecks größerer Aussagekraft werden daher **Unterkonten zum Eigenkapitalkonto** eingerichtet, sogenannte **Erfolgskonten**, auf denen die unterschiedlichen Arten von Aufwendungen und Erträgen getrennt voneinander auf speziellen **Aufwands- und Ertragskonten** erfasst werden. Als Unterkonten des Eigenkapitals haben diese Aufwands- und Ertragskonten **keine eigenen Anfangsbestände**.

Die Buchungen müssen auf diesen Unterkonten nach derselben Systematik erfolgen wie auf dem übergeordneten Passivkonto Eigenkapital, d.h.

Aufwendungen als Bestandsminderungen des Eigenkapitals im **Soll** der Aufwandskonten,
Erträge als Bestandsmehrungen des Eigenkapitals im **Haben** der Ertragskonten.

Demzufolge steht beim Abschluss der Aufwandskonten der Saldo im Haben, bei den Ertragskonten im Soll. Da die Erfolgskonten keine eigenen Anfangsbestände haben, dürfen ihre Salden auch nicht als Schlussbestände gedeutet werden. Zum Zwecke einer übersichtlichen Gegenüberstellung aller Aufwands- und Ertragsarten werden die Salden sämtlicher Erfolgskonten auf einem besonderen Erfolgssammelkonto gegengebucht, dem **Gewinn- und Verlustkonto (GuV-Konto).**

S Eigenkapital H

		AB	40.000

Erfolgskonten
(Unterkonten des EK)

Aufwandskonten

S Personalaufwand H

a1)	600	Saldo	600

S Zinsaufwand H

B1)	800	Saldo	800

Ertragskonten

S Mieterträge H

Saldo	1.000	a2)	1.000

S Provisionserträge H

Saldo	700	b2)	700

S GuV H

Personalaufwand	600	Mieterträge	1.000
Zinsaufwand	800	Provisionserträge	700
Gewinnsaldo	300		
	1.700		1.700

Im GuV-Konto zeigt sich nun als Saldo der Gesamterfolg der Abrechnungsperiode. Dieser Erfolgssaldo des GuV wird im Eigenkapitalkonto gegengebucht, so dass sich in dem Bestandskonto Eigenkapital der neue Schlussbestand – unter Berücksichtigung sämtlicher Erfolgsvorgänge der Geschäftsperiode – ergibt:

S	Eigenkapital		H
SB	40.300	AB	40.000
		Gewinnsaldo	300

In Erweiterung unseres Ausgangsbeispiels, das nur Bestandsveränderungen enthält, soll gezeigt werden, wie die konkreten Erfolgsvorgänge a1) bis b2) gebucht werden; wir geben in unserem fortlaufenden Beispiel diesen Geschäftsvorfällen die Nummern 5 bis 8:

5) Lohnzahlung in bar € 600

Personalaufwand	600	Kasse	600

6) Mieter zahlt Miete bar € 1.000

Kasse	1.000	Mieterträge	1.000

7) Zinsbelastung auf unserem Darlehenskonto € 800

Zinsaufwand	800	Darlehensschulden	800

8) Gutschrift eines Lieferers wegen Provision € 700

Verbindlichkeiten	700	Provisionserträge	700.

Für den um diese Erfolgsvorgänge erweiterten Geschäftsgang ergibt sich dann in kontenmäßiger Darstellung folgendes Bild:

Eröffnungsbilanz

A			P
Rohstoffe	35.000	Eigenkapital	40.000
Förderungen	30.000	Darlehensschulden	35.000
Kasse	10.000	Verbindlichkeiten	25.000
Bankguthaben	25.000		
	100.000		1000.000

Rohstoffe

S			H
AB	35.000	SB	39.000
3)	4.000		
	39.000		39.000

Eigenkapital

S			H
SB	40.300	AB	40.000
		Gewinnsaldo	300
	40.300		40.300

Forderungen

S			H
AB	30.000	1)	5.000
		SB	25.000
	30.000		30.000

Darlehensschulden

S			H
SB	42.800	AB	35.000
		2)	7.000
		7)	800
	42.000		42.000

Kasse

S			H
AB	10.000	5)	600
1)	5.000	SB	15.400
6)	1.000		
	16.000		16.000

Verbindlichkeiten

S			H
2)	7.000	SB	25.000
4)	2.000	3)	4.000
8)	700		
SB	19.300		
	29.000		29.000

Bank

S			H
AB	25.000	4)	2.000
		SB	23.000
	25.000		25.000

Personalaufwand

S			H
5)	600	GuV	600
	600		600

Mieterträge

S			H
GuV	1.000	6)	1.000
	1.000		1.000

Zinsaufwand

S			H
7)	800	GuV	800
	800		800

Provisionserträge

S			H
GuV	700	8)	700
	700		700

Gewinn- und Verlustrechnung

S			H
Personalaufwand	600	Mieterträge	1.000
Zinsaufwand	800	Provisionserträge	700
Gewinnsaldo	300		
	1.700		1.700

S	SBK		H
Rohstoffe	39.000	Eigenkapital	40.300
Forderungen	25.000	Darlehensschulden	42.800
Kasse	15.400	Verbindlichkeiten	19.300
Bank	23.000		
	102.400		102.400

3.2.2 Das Ertragskonto Umsatzerlöse

Lernziele:

- *Fähigkeit zum Erkennen von Verkäufen von Fertigerzeugnissen als Erfolgsvorgänge*
- *Fähigkeit zur Buchung von Verkäufen von Fertigerzeugnissen*

Ein Industriebetrieb stellt sich die Aufgabe, unter Einsatz von Aufwendungen für Personal, Stoffe und Betriebsmittel Produkte zu erzeugen, mit denen am Absatzmarkt höhere Erträge erzielt werden können, als für den Einsatz der Produktionsfaktoren an Aufwendungen erforderlich war. Haupterfolgsquelle eines Produktionsbetriebs ist daher der Umsatzerlös aus dem Verkauf der gefertigten Erzeugnisse. Die erzielten Verkaufspreise werden als Erträge im Konto Umsatzerlöse gebucht und per Saldo über das GuV-Konto abgeschlossen.

Beispiel:

1) Barverkauf von Fertigerzeugnissen	€	200
2) Zielverkauf von Fertigerzeugnissen	€	1.000

S	Kasse		H
1)	200		

S	Umsatzerlöse		H
Saldo	1.200	1)	200
		2)	1.000

S	Forderungen		H
2)	1.000		

S	GuV		H
		Umsatzerlöse	1.200

Da dieser Vorgang häufig buchungsmäßig falsch verarbeitet wird, sei nochmals hervorgehoben:

Der Verkauf von Fertigerzeugnissen ist ein **Erfolgsvorgang**, der in Höhe des Netto-Verkaufspreises als Ertrag zu buchen ist (Konto Umsatzerlöse). Er darf **nicht** missgedeutet werden als **Bestands**minderung an Fertigerzeugnissen. In den Erfolgskonten werden die Verkaufspreise (als Wertezufluss) und der in diversen Aufwandskonten gesammelte, für den Fertigungsprozess notwendige Einsatz von Produktionsfaktoren (als Werteverzehr) gegenübergestellt, so dass sich im GuV-Konto der wirtschaftliche Erfolg aus Fertigung und Absatz zeigt.

3.2.3 Die Aufwandskonten des Materialverbrauchs

Lernziele:
• *Fähigkeit zum Erkennen das Materialverbrauchs als Erfolgsvorgang* • *Fähigkeit zur inhaltlichen Erläuterung der Begriffe Rohstoffe, Hilfsstoffe, Betriebsstoffe* • *Beherrschen der verschiedenen Möglichkeiten zur Ermittlung des Materialverbrauchs und deren buchhalterische Auswirkungen* • *Fähigkeit zum Nachvollziehen der buchhalterischen Durchführung eines Geschäftsgangs mit Umsatzerlösen und Materialverbrauch*

Ein Industriebetrieb setzt zur Leistungserstellung Produktionsverfahren ein, deren wertmäßiger Verzehr Aufwand im Sinne der Buchhaltung ist. So wird sich in einem Produktionsbetrieb neben Aufwendungen für Personal und Betriebsmittel insbesondere der Verbrauch an Roh-, Hilfs- und Betriebsstoffen als Aufwand niederschlagen.

Rohstoffe sind diejenigen Werkstoffe, die als Hauptbestandteile in die Produkte eingearbeitet werden, z.B. in der Möbelfabrik der Rohstoff Holz.

Hilfsstoffe gehen zwar auch als Bestandteile in die Erzeugnisse ein, sind aber mengen- und/oder wertmäßig von untergeordneter Bedeutung, so dass eine exakte stückmäßige Erfassung nicht möglich oder nicht erforderlich ist, z.B. Schrauben, Leim.

Betriebsstoffe sind z.B. elektrische Energie, Schmiermittel oder Öl, also Stoffe, die zum Betreiben der Anlagen und damit zur Aufrechterhaltung der Produktion zwangsläufig verbraucht werden.

Die nachfolgenden Ausführungen über den Rohstoffverbrauch gelten analog für Hilfs- und Betriebsstoffe.

Sobald Rohstoffe aus dem Lagerbestand entnommen und zur Verarbeitung in die Fertigung gegeben werden, werden sie zu Aufwendungen und müssen als solche erfolgswirksam gebucht werden. Der Verbrauch an Rohstoffen muss daher wertmäßig erfasst werden.

Für die Ermittlung das Materialverbrauchs stehen verschiedene Möglichkeiten zur Verfügung:

(1) Direkte Ermittlung des Verbrauchs durch Materialentnahmescheine (Skontration)

In Betrieben mit umfangreichem Materialverbrauch wird schon aus Gründen einer optimalen Lagerhaltung eine Lagerverwaltung institutionalisiert sein, die jede verbrauchsbedingte Materialentnahme belegmäßig erfasst. In diesem wird der Verbrauch an Rohstoffen laut Materialentnahmescheine einerseits als Minderung im Bestandskonto und anderseits als Rohstoffaufwand gebucht.

Rohstoffaufwand	80.000	Rohstoffe	80.000

Dann ergibt sich als Saldo im Rohstoffbestandskonto der Soll-Schlussbestand, der mit dem Ist-Bestand als Ergebnis der Inventur abgestimmt werden kann.

S	Rohstoffe(bestand)		H
AB	30.000	Verbrauch lt. Materialentnahmescheine	80.000
Zukäufe	70.000	Saldo (= SB)	20.000 → SBK

S	Rohstoffaufwand		H
Verbrauch	80.000	Saldo	80.000 → GuV

Analoge Buchung des Verbrauchs von Hilfsstoffen, Betriebsstoffen und bezogenen Fremdbauteilen (Vorprodukten):

Hilfsstoffaufwendungen an Hilfsstoffe
Betriebsstoffaufwendungen an Betriebsstoffe
Aufwendungen für Vorprodukte an Vorprodukte

Vorteile dieses Verfahrens:

1. Informationsgewinn: Über die Materialentnahmescheine können wertvolle Informationen gesammelt und ausgewertet werden
   - für eine optimale Beschaffungs- und Lagerhaltungspolitik, weil bei kontinuierlicher Fortschreibung stets die aktuellen Bestände jeder Güterart bekannt sind;
   - für die Kostenrechnung, weil auf den Materialentnahmescheinen eine verursachungsgemäße Zuordnung des Verbrauchs zu Kostenstellen und/oder Kostenträgern erfolgen kann, was für die Betriebsabrechnung und Kalkulation von Bedeutung ist.

2. Kontrollmöglichkeit: Der durch Saldierung ermittelte Schlussbestand ist der Bestand, der sich - unter der Prämisse korrekter buchhalterischer Erfassung - auf Lager befinden müsste. Durch Vergleich dieses Sollbestandes mit dem durch Inventur ermittelten tatsächlichen Bestand lässt sich der unbemerkt gebliebene und folglich buchungsmäßig nicht erfasste Schwund aufdecken und als außerordentlicher Aufwand nachträglich buchen. Dies gilt ebenso für den natürlichen Schwund (Verderb, Gewichtsverlust etc.) wie für

rechtswidrigen Schwund (Diebstahl, Unterschlagung etc.) und Katastrophenverschleiß (Brandschäden etc.).

Nachteil dieses Verfahrens:

Hoher Arbeitsaufwand durch belegmäßige Erfassung jeder verbrauchsbedingten Entnahme.

(2) Indirekte Ermittlung des Verbrauchs aufgrund der Inventur (Inventurmethode)

In Betrieben mit geringem Materialverbrauch und übersichtlichem Lager wird oft auf eine aufwendige Lagerverwaltung verzichtet. In diesem Fall wird unterstellt, dass die Bestandsminderung im Lagervorrat ausschließlich auf betriebsbedingten Verbrauch zurückzuführen ist. Unter dieser Prämisse gilt die Gleichung:

Verbrauch = AB + Zukäufe – SB lt. Inventur

Der Materialverbrauch wird also nicht kontinuierlich, sondern indirekt erfasst, indem am Ende der Rechnungsperiode der Inventurbestand ermittelt und daraus rechnerisch der Verbrauch gefolgert wird.

Buchung des Schlussbestandes lt. Inventur € 20.000

SBK	20.000	Rohstoffe	20.000

Nun zeigt sich im Rohstoffbestandskonto im Haben ein Saldo, der unterstellungsgemäß als verbrauchsbedingte Bestandsminderung gedeutet und folglich im Soll des Rohstoffaufwandskonto gegengebucht wird.

Rohstoffaufwand	80.000	Rohstoffe	80.000

S	Rohstoffe(bestand)		H
AB	30.000	SB lt. Inv.	20.000
Zukäufe	70.000	Saldo (=Verbrauch)	80.000

S	Rohstoffaufwand		H
Verbr.	80.000	Saldo	80.000

SBK

GuV

Vorteil dieses Verfahrens:

Da die Materialentnahmen belegmäßig nicht erfasst werden, erübrigt sich eine institutionalisierte Lagerverwaltung; dies bedeutet Kostenersparnis.

Nachteile dieses Verfahrens:

Es werden keine Informationen über den materialbedingten Kostenanfall, bezogen auf den Verwendungszweck, gewonnen.
Es ist keine Kontrolle über den Schwund möglich.

(3) Retrograde Ermittlung des Verbrauchs aufgrund der produzierten Erzeugnismenge

Wenn die produzierten Erzeugnisse gemäß Bauplan, Rezept o.ä. bestimmte Bestandteile in bestimmter mengenmäßiger Zusammensetzung enthalten müssen, um als Fertigungserzeugnisse Absatzreife zu erlangen, kann aus der Anzahl der erstellten Erzeugnisse und der bekannten materialmäßigen Zusammensetzung durch Rückrechnung gefolgert werden, wie viel Material bei der Produktion verbraucht worden sein muss. Der wertmäßige Verbrauch kann durch Gewichtung der Verbrauchsmengen mit den Kosten je Mengeneinheit ermittelt werden.

Die buchhalterische Behandlung entspricht der bei Methode (1).

Vorteile dieses Verfahrens:

Durch Verzicht auf kontinuierliche Erfassung des Verbrauchs auf Materialentnahmescheinen Verringerung des Erfassungsaufwands gegenüber Verfahren (1).

Nachteil dieses Verfahrens:

Die Anwendbarkeit ist begrenzt auf Produktionsprozesse mit Mehrfachfertigung und konstanter Materialzusammensetzung.

(4) Ermittlung des Verbrauchs beim „Just–in-time-Verfahren"

Zwecks Minimierung der Lagerhaltungskosten und des Lagerhaltungsrisikos wird seitens der Hersteller der Endprodukte bzw. der Einzelhändler in zunehmendem Maße eine enge zeitliche Verknüpfung zwischen Anlieferung und Verbrauch der Vorprodukte angestrebt.

Beispiele:

- Eine Glaswarenfabrik befördert die füllbereiten Flaschen direkt aus dem eigenen Produktionsprozess über ein Laufband an die Abfüllanlage des benachbarten Getränkeherstellers.
- Baumaterial wird unmittelbar vor Verbrauch vom Baustoffhersteller oder -händler direkt zur Baustelle gebracht.

- Molkereiprodukte werden täglich frisch vom Hersteller zum Abverkauf in die Regale des Einzelhandelsgeschäfts gestellt.
- Kraftfahrzeugteile werden vom Zulieferer direkt an die Fertigungsstraße des Kraftfahrzeugherstellers geliefert.

Im Extremfall wird mit einem solchen „Just-in-time-Verfahren" angestrebt, dass die Vorprodukte in demselben Zeitpunkt, in dem sie im Fertigungsprozess benötigt werden, vom Zulieferer an den Verarbeitungsort gebracht werden. Dieses Verfahren stellt höchste Anforderungen an Logistik und Fertigungsplanung sowie an die Zuverlässigkeit der Lieferanten.

In buchhalterischer Hinsicht ist aus diesem Liefersystem eine weitere Form der Erfassung des Materialverbrauchs abzuleiten. Grundsätzlich besteht für jeden Gegenstand des Umlaufvermögens, somit auch für bezogene Fremdbauteile und andere Gegenstände des Vorratsvermögens, Aktivierungspflicht. Da jedoch bei Anlieferung „just-in-time" keine Bevorratung stattfindet, kann das gelieferte und sogleich verbrauchte Material auch unter Umgehung einer bestandsverändernden Buchung sofort im Aufwandskonto gebucht werden:

per Aufwand für bezogene Fremdbauteile an Verbindlichkeiten

Eine Buchung der Zugänge im Bestandskonto entfällt ebenso wie die Umbuchung der verbrauchsbedingten Abgänge auf das zugehörige Aufwandskonto.
Dennoch wird üblicherweise ein Bestandskonto geführt, um die Sicherheitsreserven („eiserner Bestand") und die ablaufbedingten geringen Bestandsschwankungen buchhalterisch zu erfassen. Hierzu wird – wie bei der Inventurmethode – der Schlussbestand durch Inventur ermittelt und gebucht:

per SBK | an Bestandskonto

Der Saldo des Bestandskontos gibt die Bestandsveränderung wieder und wird – als zusätzlicher Verbrauch oder als Minderverbrauch – in bekannter Weise auf das Aufwandskonto umgebucht:

per Aufwandskonto | an Bestandskonto

Bestandskonto

S (z.B. bezogene	Fremdbauteile) H
AB 30.000,-	SB lt. Inv. 29.000 (Gegenbuchung: SBK)
	Saldo 1.000 (= Bestandsveränderung) ⟶

Aufwandskonto

S (z.B. Aufw. für bez.	Fremdbauteile) H
Verbrauch 70.000 (Gegenbuchung: Verbindlichkeiten)	Saldo 71.000
⟶ Saldo des Bestandskto. 1.000	↓ GuV

Aufgabe A3/1:

Geschäftsgang mit Umsatzerlösen und Materialverbrauch

Anfangsbestände (alle Beträge in €):

Maschinen	30.000	Kasse	3.000
Rohstoffe	20.000	Bankguthaben	15.000
Hilfsstoffe	2.000	Darlehensschulden	35.000
Forderungen	50.000	Verbindlichkeiten	45.000

Geschäftsvorfälle:

1) Bareinkauf von Hilfsstoffen	1.000
2) Rohstoffverbrauch lt. Materialentnahmescheine (ME)	6.000
3) Banküberweisung von Löhnen	15.000
4) Zielverkauf von Fertigerzeugnissen	23.000
5) Unser Girokonto wird mit Darlehenszinsen belastet	1.000
6) Zieleinkauf von Rohstoffen	5.000
7) Mieteinnahme bar	2.000
8) Bargeldlose Zahlung von Gehältern	7.000
9) Verkauf aller restlichen Fertigerzeugnisse gegen Bankscheck	12.000

Abschlussangaben:

Schlussbestand lt. Inventur: Hilfsstoffe 2.000

Der Verbrauch an Hilfsstoffen ist indirekt (Inventurmethode) zu ermitteln und auf Konto Hilfsstoffaufwendungen umzubuchen.

Lösung:

Buchungssätze:

1) Hilfsstoffe	1.000	Kasse	1.000
2) Rohstoffaufwendungen	6.000	Rohstoffe	6.000
3) Personalaufwendungen	15.000	Bank	15.000
4) Forderungen	23.000	Umsatzerlöse	23.000
5) Zinsaufwendungen	1.000	Bank	1.000
6) Rohstoffe	5.000	Verbindlichkeiten	5.000
7) Kasse	2.000	Mieterträge	2.000
8) Personalaufwendungen	7.000	Bank	7.000
9) Bank	12.000	Umsatzerlöse	12.000

Abschlussbuchung:

SBK	2.000	Hilfsstoffe	2.000

A	Eröffnungsbilanz		P
Maschinen	30.000	Eigenkapital	40.000
Rohstoffe	20.000	Darlehensschulden	35.000
Hilfsstoffe	2.000	Verbindlichkeiten	45.000
Forderungen	50.000		
Kasse	3.000		
Bank	15.000		
	120.000		120.000

S	Maschinen		H
AB	30.000	SBK	30.000

S	Rohstoffe		H
AB	20.000	2)	6.000
6)	5.000	SBK	19.000

S	Hilfsstoffe		H
AB	2.000	SBK (SB lt. Inventur)	2.000
1)	1.000	Hilfsst. aufwd. (Verbr.)	1.000

S	Forderungen		H
AB	50.000	SBK	73.000
4)	23.000		

S	Kasse		H
AB	3.000	1)	1.000
7)	2.000	SBK	4.000

S	Bank		H
AB	15.000	3)	15.000
9)	12.000	5)	1.000
		8)	7.000
		SBK	4.000

S	Eigenkapital		H
SBK	47.000	AB	40.000
		GuV	7.000

S	Darlehensschulden		H
SBK	35.000	AB	35.000

S	Verbindlichkeiten		H
SBK	50.000	AB	40.000
		6)	5.000

S	Rohstoffaufwand		H
2)	6.000	GuV	6.000

S	Personalaufwand		H
3)	15.000	GuV	22.000
8)	7.000		

S	Hilfsstoffaufwand		H
Verbrauch	1.000	GuV	1.000

S	Zinsaufwand		H
5)	1.000	GuV	1.000

S	Mieterträge		H
GuV	2.000	7)	2.000

S	Umsatzerlöse		H
GuV	35.000	4)	23.000
		9)	12.000

S	GuV		H
Rohstoffaufwand	6.000	Umsatzerlöse	35.000
Hilfsstoffaufwand	1.000	Mieterträge	2.000
Personalaufwand	22.000		
Zinsaufwand	1.000		
EK (Gewinn)	7.000		
	37.000		37.000

S	SBK		H
Maschinen	30.000	EK	47.000
Rohstoffe	19.000	Darlehensschulden	35.000
Hilfsstoffe	2.000	Verbindlichkeiten	50.000
Forderungen	73.000		
Kasse	4.000		
Bank	4.000		
	132.000		132.000

Aufgabe A3/2:

Geschäftsgang mit Umsatzerlösen und Materialverbrauch

Anfangsbestände (alle Beträgc in €):

Maschinen	84.600	Eigenkapital	71.000
Rohstoffe	38.300	Darlehensschulden	60.500
Betriebsstoffe	9.100	Verbindlichkeiten	24.200
Forderungen	27.600	Bankschulden	8.700
Kasse	4.800		

Geschäftsvorfälle:

1)	Zieleinkauf von Rohstoffen	6.320
2)	Kauf einer Fertigungsmaschine gegen Bankscheck	8.500
3)	Zielverkauf von Fertigerzeugnissen	11.240
4)	Bargeldlose Lohnzahlung	13.650
5)	Kunde begleicht Rechnung durch Banküberweisung	11.080
6)	Barkauf von Büromaterial	410
7)	Betriebsstoffverbrauch lt. Materialentnahmeschein	1.830
8)	Zinsbelastung durch die Bank	520
9)	Verkauf aller restlichen Fertigerzeugnisse gegen Bankscheck	18.670
10)	Banküberweisung der Miete für unsere Geschäftsräume	4.800
11)	Verkauf einer gebrauchten Maschine gegen Bankscheck	13.900

Abschlussangaben:

Schlussbestand lt. Inventur: Rohstoffe 30.900

3.2.4 Bestandsveränderungen an unfertigen und fertigen Erzeugnissen

Lernziele:
• *Fähigkeit zur Angabe von betriebswirtschaftlichen Gründen für Diskrepanzen zwischen Produktionsmenge und Absatzmenge innerhalb einer Abrechnungsperiode* • *Fähigkeit zum Verstehen und zur Erklärung der Verfälschung des Erfolgsausweises als Folge von Diskrepanzen zwischen Produktionsmenge und Absatzmenge* • *Fähigkeit zum Verstehen und zur Erklärung der Notwendigkeit von buchhalterischen Maßnahmen mit erfolgsneutralisierender Wirkung* • *Kenntnis der Funktion des Kontos Bestandveränderungen an unfertigen und fertigen Erzeugnissen* • *Beherrschen der buchungstechnischen Durchführung dieser Maßnahme*

Die bisherigen Darstellungen haben gezeigt, dass zur Ermittlung des wirtschaftlichen Erfolgs einer Rechnungsperiode die Umsatzerlöse und die Aufwendungen in der GuV-Rechnung gegenübergestellt werden.

Die Umsatzerlöse beziehen sich auf die abgesetzten Leistungseinheiten, die Aufwendungen dagegen weitgehend auf die produzierten Leistungen. Die Aufwandsseite beinhaltet also (unter anderem) sämtliche Aufwendungen zum Zwecke der Produktion unabhängig davon, ob die produzierten Leistungen in derselben Geschäftsperiode zu Umsatzerlösen geführt haben oder erst in späteren Perioden abgesetzt werden. Andererseits werden die abgesetzten Erzeugnisse mit ihren Verkaufspreisen als Umsatzerlöse erfasst unabhängig davon, ob sie in derselben oder schon in einer früheren Periode produziert worden sind. Deshalb hat der in der GuV sich ergebende Gewinn- oder Verlustsaldo nur dann eine verlässliche Aussagekraft im Hinblick auf den wirtschaftlichen Erfolg der Rechnungsperiode, wenn produzierte und abgesetzte Leistungseinheiten (LE) annähernd mengengleich sind (Produktion = Absatz).

GuV (bei P = A)

Aufwendungen für die in dieser Periode produzierten (und abgesetzten) LE	Umsatzerlöse aus den in dieser Periode (produzierten und) abgesetzten LE

Gewinnsaldo (oder) Verlustsaldo
aus dem Umsatz der in dieser Periode produzierten und abgesetzte LE.

Diese Voraussetzung annähernd gleicher Produktions- und Absatzmengen ist in einem Industriebetrieb jedoch im allgemeinen nicht gegeben. Gründe für die übliche Diskrepanz zwischen Produktionsmenge und Absatzmenge in einer Abrechnungsperiode sind u.a.:

- lange, z.T. überjährige Fertigungszeiten, wie z.B. im Großanlagenbau;
- Aufbau eines Lagervorrats wegen erwarteten bevorstehenden Absatzüberhangs, um keine Lieferfristen entstehen zu lassen;
- Beibehaltung einer (möglichst hochgradigen) gleichbleibenden Auslastung der Produktionskapazität trotz schwankender Absatzmengen, um im Bereich des Stückkostenminimums zu bleiben. (Die Stückkosten steigen bei Verringerung der Produktionsmenge infolge nicht abbaufähiger Fixkosten und bei Erhöhung der Produktionsmenge infolge progressiv steigender variabler Kosten.)

Jede Ungleichheit zwischen Produktionsmenge (P) und Absatzmenge (A) führt zu einer Veränderung der Lagerbestände an gefertigten Erzeugnissen.

$P > A \rightarrow$ Bestandmehrung
$P < A \rightarrow$ Bestandsminderung

Nach der bisherigen Darstellung der Erfolgsbuchungen würde eine Bestandsmehrung (P > A) dazu führen, dass der wirtschaftliche Erfolg durch die Aufwendungen für den Produktionsüberschuss ungerechtfertigt geschmälert würde:

GuV (bei P > A)

Aufwendungen für die in dieser Periode **produzierten und abgesetzten** LE + Aufwendungen für die in dieser Periode **produzierten, aber noch nicht abgesetzten** LE (Produktionsüberschuss dieser Periode)	Umsatzerlöse aus den in dieser Periode **abgesetzten** LE

Eine Bestandsminderung (P < A) würde demgegenüber den Erfolgsausweis infolge der aus dem Lagerabbau erzielten Umsatzerlöse ungerechtfertigt erhöhen:

GuV (bei P < A)

Aufwendungen für die **produzierten und abgesetzten** LE	Umsatzerlöse aus den in dieser Periode **abgesetzten und produzierten** LE + Umsatzerlöse aus den in dieser Periode **abgesetzten, aber nicht produzierten** LE (Produktionsüberschuss vergangener Perioden)

Da ein solches buchhalterisches Vorgehen den Erfolgsausweis in seiner Aussagefähigkeit stark beeinträchtigen würde, müssen die Bestandsveränderungen buchhalterisch so berücksichtigt werden, dass sie **erfolgsneutral** wirken.

Bei P > A:

Die Aufwendungen für den Produktionsüberschuss in dieser Periode gelangen mit allen anderen Aufwendungen in das GuV-Konto. Eine erfolgsneutralisierende Kompensation dieser Aufwendungen wird dadurch erreicht, dass die sich aus dem Produktionsüberschuss ergebende Bestandsmehrung als Wertezufluss dieser Periode (= Ertrag) erfasst wird.

Bei P < A:

Der Mehrerlös aus dem Lagerabbau wird erfolgsmäßig dadurch kompensiert, dass die aus dem Lagerabbau sich ergebende Bestandsminderung als Werteabfluss dieser Periode (= Aufwand) erfasst wird.

Buchungstechnisch ist dieser betriebswirtschaftlich relativ komplizierte Gedankengang einfach zu bewältigen:

Man ermittelt die Bestandsveränderung durch Gegenüberstellung von Anfangsbestand und Schlussbestand (lt. Inventur) und bucht diese über das Erfolgskonto Bestandsveränderungen (BV), von dort erfolgt der Abschluss über das GuV-Konto; dies erfolgt getrennt für unfertige Erzeugnisse (UE) und Fertigerzeugnisse (FE).

Beispiel:

UE:	AB	100					
	P	700	<	A		720	
			=>	SB		80	(Gegenbuchung: SBK)
			=>	BV	-	20	(Gegenbuchung: BV)
FE:	AB	50					
	P	400	>	A		340	
			=>	SB		110	(Gegenbuchung: SBK)
			=>	BV	+	60	(Gegenbuchung: BV)

S Unfertige Erzeugnisse H

AB	100	SB lt. Inv.	80
		BV	20

S Fertigerzeugnisse H

AB	50	SB lt. Inv.	110
BV	60		

S Bestandsveränderungen H

UE	20	FE	60
GuV	40		

S GuV H

		BV	40

S SBK H

UE	80		
FE	110		

Ebenso kann sich insgesamt eine negative Bestandsveränderung ergeben, die sich zur Kompensation der Mehrerlöse im GuV-Konto auf der Sollseite niederschlagen würde.

Beispiel (alle Beträge in €):

	AB	SB
UE	38.000	37.000
FE	62.000	55.000

UE

S			H
AB	38.000	SB	37.000
		BV	1.000

FE

S			H
AB	62.000	SB	55.000
		BV	7.000

BV

S			H
UE	1.000	GuV	8.000
FE	7.000		

GuV

S			H
BV	8.000		

SBK

S			H
UE	37.000		
FE	55.000		

Beispiel:

UE:	AB	61.000	Mehrbestand	18.000
FE:	AB	41.000	Minderbestand	3.000

UE

S			H
AB	61.000	SB	79.000
BV	18.000		

FE

S			H
AB	41.000	BV	3.000
		SB	38.000

BV

S			H
FE	3.000	UE	18.000
GuV	15.000		

GuV

S			H
		BV	15.000

SBK

S			H
UE	79.000		
FE	38.000		

3.3 Das Privatkonto

Lernziele:
• *Fähigkeit zur buchhalterischen Interpretation von buchungsrelevanten Sachverhalten mit privatem Charakter* • *Fähigkeit zum Erkennen der Notwendigkeit der Einrichtung eines Privatkontos* • *Fähigkeit zur Buchung privat verursachter Buchungsfälle* • *Fähigkeit zur selbständigen Lösung von Geschäftsgängen unter Berücksichtigung von Bestandsveränderungen an unfertigen und fertigen Erzeugnissen sowie Privatvorgängen*

Wenn das Betriebsvermögen vermindert wird zum Zwecke privater Verwendung durch den Unternehmer, dann ist dies kein Aufwand im Sinne der Erfolgsrechnung, sondern der Kaufmann mindert lediglich seine frühere Kapitalanlage bzw. er entnimmt einen Vorschuss auf den zu erwartenden Gewinn. So entnimmt der Unternehmer seinem Betriebsvermögen regelmäßig liquide Mittel, um seinen privaten Lebensunterhalt zu bestreiten. Daneben ist es aber auch möglich, Sachwerte für den Eigenverbrauch zu entnehmen (z.B. Fertigerzeugnisse, Betriebsstoffe) und betriebliche Anlagen privat zu nutzen (z.B. kombinierte Nutzung des Kraftfahrzeugs für betriebliche und private Fahrten).

Diese privat verursachten Eigenkapital-Minderungen müssen durch Ausstellung eines Eigenbelegs aufgezeichnet und buchhalterisch erfasst werden. Um das Eigenkapitalkonto jedoch von häufig sich wiederholenden Vorgängen freizuhalten sowie zwecks besserer Übersicht über die Privatentnahmen wird dem Eigenkapitalkonto ein besonderes **Privatkonto** vorgeschaltet. Es ist – wie die Aufwands- und Ertragskonten – ein Unterkonto des passiven Bestandskontos Eigenkapital. Daraus folgt: Es hat keinen eigenen Anfangsbestand, und gebucht wird wie auf jedem Passivkonto, d.h. Privatentnahmen werden als Minderung des Eigenkapital-Bestandes im Soll des Unterkontos gebucht.

Zusätzliche Kapitaleinlagen aus Privatvermögen wären dementsprechend im Haben zu buchen. Da Privateinlagen relativ selten vorkommen, werden sie jedoch häufig unter Umgehung des Privatkontos direkt als Mehrung im Eigenkapitalkonto im Haben gebucht.

Beispiele für privat verursachte Buchungsfälle:

1) Barentnahme für private Zwecke € 500

Privatkonto	500	Kasse	500

2) Banküberweisung der Miete für die Geschäftsräume € 2.000
für die Privatwohnung € 1.000

Mietaufwand	2.000	Bank	3.000
Privatkonto	1.000		

Auch die Entnahme von Fertigerzeugnissen für den privaten Verbrauch oder die private Nutzung von Betriebsvermögen sind im Soll des Privatkontos zu buchen. Andererseits sind diese Vorgänge (ähnlich einem Umsatzerlös für verkaufte Güter oder Leistungen) als Ertrag im Ertragskonto Eigenverbrauch zu buchen. Durch diese Ertragsbuchung sollen die Aufwandsbuchungen neutralisiert werden, die durch die Produktion der Fertigerzeugnisse (z.B. in Form von Aufwendungen für Personal und Rohstoffe) bzw. durch den Unterhalt des Kraftfahrzeugs (z.B. Versicherungsaufwand, Reparaturaufwand) veranlasst worden sind.

S	Privatkonto H
Privatentnahmen	Saldo →

S	EK H
Saldo Privatkonto	AB
SB	Privateinlagen

Aufgabe A3/3:

Geschäftsgang mit Bestandsveränderungen an UE und FE sowie Privatvorgängen

Anfangsbestände (alle Beträge in €):

Maschinen	60.000
Rohstoffe	40.000
Fertigerzeugnisse	50.000
Forderungen	40.000
Kasse	5.000
Bankguthaben	5.000
Eigenkapital	60.000
Darlehensschulden	90.000
Verbindlichkeiten	50.000

Geschäftsvorfälle:

1)	Bareinkauf von Rohstoffen	3.000
2)	Zielverkauf von Fertigerzeugnissen	10.000
3)	Privatentnahme bar	1.000
4)	Maschinenreparatur, Eingang der Rechnung	800
5)	Verkauf einer Maschine gegen Bankscheck	9.000
6)	Bank belastet unser Girokonto mit Zinsen für Darlehen	1.600
7)	Kunden überweisen auf Bankkonto	4.000
8)	Rohstoffverbrauch lt. Materialentnahmeschein	2.000
9)	Banküberweisung der Gehälter	13.000
10)	Banküberweisung für Büromiete	1.000
11)	Verkauf von Fertigerzeugnissen gegen Bankscheck	5.000

Abschlussangaben:

Schlussbestand der Fertigerzeugnisse lt. Inventur	43.000
Schlussbestand der unfertigen Erzeugnisse lt. Inventur	3.000

Lösung im Lösungsteil

Aufgabe A3/4 (alle Beträge in €):

A	Eröffnungsbilanz		P
Maschinen	63.600	Eigenkapital	57.000
Geschäftsausstattung	7.900	Darlehensschulden	43.000
Rohstoffe	6.600	Verbindlichkeiten	18.600
UE	11.400		
FE	7.900		
Forderungen	13.100		
Kasse	6.700		
Bank	1.400		
	118.600		118.600

Aufgabenstellung:

a) Richten Sie die erforderlichen Bestandskonten ein, und eröffnen Sie diese mit den Anfangsbeständen aus der Eröffnungsbilanz!
b) Richten Sie außerdem folgende Konten ein:
Löhne, Büroaufwendungen, Rohstoffaufwendungen, Umsatzerlöse, Privat, Eigenverbrauch, BV, GuV, SBK!
c) Buchen Sie folgende Geschäftsvorfälle und Abschlussangaben:

Geschäftsvorfälle:

1)	Lohnzahlung durch Banküberweisung	4.720
2)	Barverkauf von Fertigerzeugnissen	2.080
3)	Banklastschrift wegen Tilgungsrate für Darlehen	2.400
4)	Eigentümer zahlt aus einer Erbschaft auf Bankkonto ein	10.000
5)	Banküberweisung Liefererschulden	9.760
6)	Kauf einer Schreibmaschine gegen Bankscheck	1.980
7)	Verkauf einer gebrauchten Fertigungsmaschine gegen Verrechnung von Liefererschulden	5.900
8)	Privatentnahme von Fertigerzeugnissen	820
9)	Zielverkauf von Fertigerzeugnissen	16.070
10)	Privatentnahme bar	690
11)	Zieleinkauf von Rohstoffen	4.120
12)	Bareinkauf von Schreibmaterial	140
13)	Kunden zahlen durch Banküberweisung	5.350

Abschlussangaben:

Schlussbestände:	UE	13.100
	FE	7.800
	Rohstoffe	5.700

d) Schließen Sie die Konten in folgender Reihenfolge ab:

Konto:	**Saldo gegenbuchen in Konto:**
UE, FE	BV
Rohstoffe	Rohstoffaufwendungen
Löhne Büroaufwand Rohstoffaufwand Umsatzerlöse Eigenverbrauch BV	GuV
GuV Privat	EK
Sämtliche Bestandskonten	SBK

Lösung im Lösungsteil

4.Kapitel:
Kontenrahmen und Kontenplan

4.1 Der Kontenrahmen als systematische Kontengliederung

Lernziele:
• *Erkennen der Vorteile einer systematischen numerischen Ordnung aller Konten* • *Kenntnis der historischen Entwicklung der Kontenrahmen zur Industriebuchführung*

In vielen Lebensbereichen hat es sich als zweckmäßig erwiesen, bestimmte Merkmale durch Zuordnung numerischer Zeichen zu systematisieren (z.B. Postleitzahlen, Hausnummern, Gliederungspunkte in Sachbüchern, Gesetzesparagraphen, amtliche Kfz-Kennzeichen und anderes mehr). Auch im betrieblichen Rechnungswesen sind zwecks rationeller Gestaltung den einzelnen Konten Zahlen zugeordnet, und zwar auf der Grundlage einer einheitlichen Kontensystematik für alle branchengleichen Unternehmen. Damit sollen u.a. folgende Vorteile erreicht werden:

- Kontenbezeichnung in Form von Nummern sind unmissverständlich, eindeutig und im Vergleich zu verbaler Benennung kürzer;
- Erleichterung von zwischenbetrieblichen Vergleichen;
- Unterstützung des Verständnisses für die inhaltlichen Zusammenhänge zwischen den Konten.

Unter dieser Zielsetzung sind sämtliche Konten, die in einem Unternehmen bestimmter Branche benötigt werden, durch Nummern systematisch geordnet und in einem **„Kontenrahmen"** übersichtlich zusammengefasst.

Unternehmen unterschiedlicher Wirtschaftszweige benötigen für ihr Rechnungswesen unterschiedliche Konten. So benötigen z. B. Handelsbetriebe ein Wareneinkaufskonto, Bankbetriebe verschiedene Konten für Spareinlagen mit unterschiedlichen Kündigungsfristen, Industriebetriebe ein Bestandskonto Rohstoffe neben einem Rohstoffaufwandskonto für den produktionsbedingten Verbrauch an Rohstoffen. Deshalb haben die Spitzenverbände der einzelnen Wirtschaftszweige unterschiedliche Kontenrahmen erstellt und zur Anwendung empfohlen. Eine zusätzliche weitergehende Differenzierung in branchenspezifische Kontenrahmen (z.B. Einzelhandel, Großhandel) durch die jeweiligen Fachverbände kann bei unterschiedlichen Anforderungen an das Rechnungswesen sinnvoll sein. Da in dieser Schrift die Buchführung der

Industriebetriebe behandelt wird, wird im Folgenden der Industriekontenrahmen (IKR) zugrundegelegt.

Die Bemühungen um eine einheitliche Kontensystematik lassen sich bis zu den Ursprüngen der deutschen Betriebswirtschaftslehre zurückverfolgen; so kann auf Veröffentlichungen von Schär (1890, 1911) und Schmalenbach („Der Kontenrahmen", 1927) verwiesen werden.

Die staatlicherseits verordnete Vereinheitlichung des Rechnungswesens schlug sich im Jahr 1937 im **„Erlasskontenrahmen"** nieder, dessen Anwendung verbindlich war. Demgegenüber hat der nachfolgende , im Jahr 1951 vom Bundesverband der Deutschen Industrie veröffentlichte **„Gemeinschaftskontenrahmen der Industrie"** (GKR) lediglich Empfehlungscharakter.

In den 60er Jahren wurden neue Überlegungen notwendig, insbesondere

- wegen des zunehmenden Auseinanderdriftens des industriellen Rechnungswesens;
- wegen des gewachsenen Bedürfnisses nach Harmonisierung des Rechnungswesens im Rahmen der Europäischen Gemeinschaft, insbesondere bei international tätigen Konzernen;
- wegen gestiegener Anforderung an eine DV-gerechte Systematik;
- wegen veränderter Anforderungen an das Rechnungswesen als Folge des Vordringens vielfältiger Kostenrechnungsverfahren.

So entstand in Zusammenarbeit von Wissenschaft und Praxis der **Industriekontenrahmen (IKR)**, der im Jahre 1971 vom Bundesverband der Deutschen Industrie vorgelegt und den Mitgliedsunternehmen zur Anwendung empfohlen wurde. Die 4. EG-Richtlinie, betreffend die Vereinheitlichung der Rechnungslegungsvorschriften der Unternehmen der Mitgliedsstaaten, und die damit verbundenen Änderungen des Handelsgesetzbuches i.d.F. des Bilanzrichtlinien-Gesetzes von 1985 machten eine Anpassung des IKR'71 an die neuen Rechnungslegungsvorschriften erforderlich. Der Bundesverband der Deutschen Industrie hat daraufhin im Jahre 1986 eine Neufassung des Industriekontenrahmens herausgegeben, den **IKR'86**. Diese aktuelle Neufassung des IKR von 1986 liegt diesem Buch zugrunde.

4.2 Der Industriekontenrahmen von 1986

Lernziel:
• *Kenntnis des grundlegenden Gliederungsprinzips und des konkreten Aufbaus des Industriekontenrahmens (IKR)*

Der IKR systematisiert die Konten nach dem dekadischen System in die **Kontenklassen** 0,1,2, ...9. Jede der 10 Kontenklassen wird wiederum in 10 **Kontengruppen** unterteilt (z.B. 20, 21, 22, ...29). Diese mit zweistelligen Kontennummern versehenen Kontengruppen können ihrerseits in bis zu 10 **Konten(arten)** (dreistellig, z.B. 240, ...249) Und diese in bis zu 10 **Unterkonten (Kontenunterarten)** (vierstellig z.B. 2001, 20002, ...) untergliedert werden.

Beispiel für die Untergliederung im IKR:

Klasse	2	Umlaufvermögen und aktive Rechnungsabgrenzungsposten
Gruppe	20	Roh-, Hilfs,- und Betriebsstoffe
Konto	200	Rohstoffe
Unterkonto	2000	Rechnungsbeträge für Rohstoffe

Aus Gründen der Übersichtlichkeit wird in diesem Buch eine leicht **gekürzte und modifizierte Fassung des IKR'86** zugrundegelegt, die den Anforderungen vollauf genügt. Der gekürzte IKR'86 wird in Kapitel 4.3 wiedergegeben.

Die Grobstruktur des IKR wird mit folgendem Schema verdeutlicht:

Kontenklasse	Kontenart	
0, 1, 2	aktive	Bestandskonten
3, 4	passive	Bestandskonten
5	Ertragskonten	Erfolgskonten
6, 7	Aufwandskonten	Erfolgskonten
8	Konten der Ergebnisrechnungen	
9	Konten für Kosten- und Leistungsrechnung	

Mit diesem Aufbau folgt der IKR dem **Abschlussgliederungsprinzip**. Während seine Vorläufer die Konten nach ihrer Stellung im betrieblichen Ablauf gliederten, systematisiert der IKR'86 die Konten so, dass sie unmittelbar in den Jahresabschluss einfließen können. Er ordnet die Konten nach den für

Kapitalgesellschaften geltenden gesetzlichen Gliederungsvorschriften für die Bilanz (§ 266 HGB) und die GuV-Rechnung (§ 275 HGB). Diese Gliederungsvorschriften sind für alle Unternehmen in der Rechtsform einer Kapitalgesellschaft zwingend vorgeschrieben; aber auch für Nicht-Kapitalgesellschaften ist die Anwendung dieser Gliederungsschemata in ihren Grundstrukturen empfehlenswert.

Jedem im Jahresabschluss ausweispflichtigen Posten ist im allgemeinen eine eigene namensgleiche Kontengruppe (oder zumindest ein eigenes Konto oder Unterkonto) zugeordnet. Dies macht die nachfolgende schematische Darstellung der Kontenzuordnung zum gesetzlichen Gliederungsschema der Bilanz und der GuV-Rechnung (in der überwiegend praktizierten Form des Gesamtkostenverfahrens (GKV)) deutlich:

Kontenzuordnung im IKR zum gesetzlichen Bilanzgliederungsschema:

Konten-
Klasse
Konten-
gruppe Bilanzposition gemäß § 266 HGB

Aktivseite
0 Immaterielle Vermögensgegenstände und Sachanlagen

00 *Ausstehende Einlagen*
01 *Aufwendungen für die Ingangsetzung und Erweiterung des Geschäftsbetriebs*

A. Anlagevermögen
I. Immaterielle Vermögensgegenstände
02 1. Konzessionen, gewerbliche Schutzrechte und ähnliche Rechte und Werte sowie Lizenzen an solchen Rechten und Werten
03 2. Geschäfts- oder Firmenwert
04 3. Geleistete Anzahlungen (auf immaterielle Vermögensgegenstände)
II. Sachanlagen
05 1. Grundstücke, grundstücksgleiche Rechte und Bauten einschl. der Bauten auf fremden Grundstücken
07 2. Technische Anlagen und Maschinen
08 3. Andere Anlagen, Betriebs- und Geschäftsausstattung
09 4. Geleistete Anzahlungen und Anzahlungen im Bau
1 Finanzanlagen
III. Finanzanlagen
11 1. Anteile an verbundenen Unternehmen
12 2. Ausleihungen an verbundene Unternehmen
13 3. Beteiligungen
14 4. Ausleihungen an Unternehmen, mit denen ein Beteiligungsverhältnis besteht
15 5. Wertpapiere des Anlagevermögens
16 6. Sonstige Ausleihungen
2 Umlaufvermögen und aktive Rechnungsabgrenzung
B. Umlaufvermögen
I. Vorräte
20 1. Roh-, Hilfs- und Betriebsstoffe
21 2. Unfertige Erzeugnisse, unfertige Leistungen
22 3. Fertige Erzeugnisse und Waren
23 4. Geleistete Anzahlungen
II. Forderungen und sonstige Vermögensgegenstände
24 1. Forderungen aus Lieferungen und Leistungen
25 2. Forderungen gegen verbundene Unternehmen

3. Forderungen gegen Unternehmen, mit denen ein Beteiligungsverhältnis besteht
26 4. Sonstige Vermögensgegenstände
III. Wertpapiere
27 1. Anteile an verbundenen Unternehmen
2. Eigene Anteile
3. Sonstige Wertpapiere
28 IV. Schecks, Kassenbestand, Bundesbank- und Postgiroguthaben, Guthaben bei Kreditinstituten
29 C. Rechnungsabgrenzungsposten

Passivseite

3 Eigenkapital und Rückstellungen

A. Eigenkapital
30 I. Gezeichnetes Kapital
31 II. Kapitalrücklage
32 III. Gewinnrücklagen
1. Gesetzliche Rücklage
2. Rücklage für eigene Anteile
3. Satzungsmäßige Rücklagen
4. Andere Gewinnrücklagen
33 IV. Gewinnvortrag/Verlustvortrag
34 V. Jahresüberschuss/Jahresfehlbetrag
35 Sonderposten mit Rücklageanteil
36 Wertberichtigungen

B. Rückstellungen
37 1. Rückstellungen für Pensionen und ähnliche Verpflichtungen
38 2. Steuerrückstellungen
39 3. Sonstige Rückstellungen

4 Verbindlichkeiten und passive Rechnungsabgrenzung

C. Verbindlichkeiten
41 1. Anleihen
42 2. Verbindlichkeiten gegenüber Kreditinstituten
43 3. Erhaltene Anzahlungen auf Bestellungen
44 4. Verbindlichkeiten aus Lieferungen und Leistungen
45 5. Verbindlichkeiten aus der Annahme gezogener Wechsel und der Ausstellung eigener Wechsel
46 6. Verbindlichkeiten gegenüber verbundenen Unternehmen
47 7. Verbindlichkeiten gegenüber Unternehmen, mit denen ein Beteiligungsverhältnis besteht
48 8. Sonstige Verbindlichkeiten
49 D. Rechnungsabgrenzungsposten

Kontenzuordnung im IKR zum gesetzlichen Gliederungsschema der GuV (Gesamtkostenverfahren):

Kontengruppe

Aufwendungen	/ Erträge	GuV-Position gemäß § 275 Abs. 2 (GKV)
	50/51	1. Umsatzerlöse
	52	2. Erhöhung oder Verminderung des Bestands an fertigen und unfertigen Erzeugnissen
	53	3. Andere aktivierte Eigenleistungen
	54	4. Sonstige betriebliche Erträge
60		5. Materialaufwand a) Aufwendungen für Roh-, Hilfs- und Betriebsstoffe und für bezogene Waren
61		b) Aufwendungen für bezogene Leistungen
		6. Personalaufwand
62/63		a) Löhne und Gehälter
64		b) Soziale Abgaben und Aufwendungen für Altersversorgung und für Unterstützung
65		7. Abschreibungen
66-70		8. Sonstige betriebliche Aufwendungen
	55	9. Erträge aus Beteiligungen
	56	10. Erträge aus anderen Wertpapieren und Ausleihungen des Finanzanlagevermögens
	57	11. Sonstige Zinsen und ähnliche Erträge
74		12. Abschreibungen auf Finanzanlagen und auf Wertpapiere des Umlaufvermögens
75		13. Zinsen und ähnliche Aufwendungen
		14. Ergebnis der gewöhnlichen Geschäftstätigkeit
	58	15. Außerordentliche Erträge
76		16. Außerordentliche Aufwendungen
		17. Außerordentliches Ergebnis
77		18. Steuern vom Einkommen und vom Ertrag
78		19. Sonstige Steuern
		20. Jahresüberschuss/Jahresfehlbetrag

Ergänzend mussten einige wenige Kontengruppen in den IKR aufgenommen werden, die nicht in den Gliederungsschemata zur Bilanz und GuV-Rechnung enthalten sind, die aber aufgrund anderer Rechtsvorschriften ausweispflichtig sind (Kontengruppen 00, 01, 35, 59, 79).

In einem Fall wird allerdings eine systemwidrige Zuordnung in Kauf genommen: der (sehr selten) auftretende Ausgleichsposten „Fehlbetrag" muss als letzter Posten auf der Aktivseite der Bilanz ausgewiesen werden und deshalb im Kontenrahmen letztes Konto der Klasse 2 sein. Da im dekadischen System eine weitere Kontengruppe nach 29 jedoch nicht zur Verfügung steht, hat das Konto „Fehlbetrag" die Nummer 299 bekommen, obwohl es inhaltlich keinesfalls der Kontengruppe 29 (aktive Rechnungsabgrenzung) zugeordnet werden kann.

Eine Besonderheit stellt auch die Kontengruppe 33 „Ergebnisverwendung" dar, weil sie keiner gleichlautenden Bilanzposition entspricht. Die für die Gewinnverwendung relevanten Bilanzpositionen sind gem. § 266 HGB im Eigenkapital unter „IV. Gewinnvortrag/Verlustvortrag" (= der aus dem Vorjahr übertragene Gewinn/Verlust) und unter „V. Jahresüberschuss/Jahresfehlbetrag" (= die Ausgangsgrößen für die diesjährige Gewinnverwendung) ausgewiesen. Ist jedoch bereits in der aufgestellten Bilanz – wie bei großen Publikumsgesellschaften üblich – die teilweise Verwendung des Jahresergebnisses zur Bildung von Rücklagen berücksichtigt, werden diese Bilanzpositionen ersetzt durch den Posten „Bilanzgewinn/Bilanzverlust" (= der zur Verteilung vorgesehene Reingewinn). Um für beide Alternativen offen zu sein, wählt der IKR für die Kontengruppe 33 die neutrale Bezeichnung „Ergebnisverwendung"; die Verwendung des Jahresüberschusses kann durch Bildung von untergeordneten Konten buchhalterisch dargestellt werden.

Für die Erfolgskonten hat der IKR die Klassen 5 (Ertragskonten) sowie 6 und 7 (Aufwandskonten) vorgesehen. Darin werden die Erfolgsvorgänge vorwiegend nach ihrer Art unterschieden (z.B. Aufwendungen für Material, für Personal, für Kommunikation, für Zinsen). Dies kommt der herkömmlichen buchhalterischen Aufstellung der GuV-Rechnung bei nicht publizitätspflichtigen Unternehmen entgegen, die in Kontenform die Salden der Ertragsarten den Salden der Aufwandsarten gegenüberstellen.

Das HGB (§275) verlangt jedoch von Kapitalgesellschaften die Aufstellung der GuV-Rechnung in **Staffelform**. In der GuV-Staffel werden die Ertrags- und Aufwandsarten so gegenübergestellt, dass sich als Zwischensummen die Ergebnisse des betrieblichen Bereichs, des Finanzbereichs und des außerordentlichen Bereichs ermitteln lassen. Schematisch wird dies in folgender Aufstellung deutlich:

		Konten-gruppen	Ziffern in GuV-Staffel (GKV)
	Erträge betrieblicher Bereich	50-54	1-4
-	Aufwendungen betrieblicher Bereich	60-70	5-8
+	Erträge Finanzbereich	55-57	9-11
-	Aufwendungen Finanzbereich	74-75	12-13
=	Ergebnis der gewöhnlichen Geschäftstätigkeit		
	Außerordentliche Erträge	58	15
	- Außerordentliche Aufwendungen	76	16
+/-	= Außerordentliches Ergebnis		17
-	Steuern vom Einkommen und Ertrag	77	18
-	Sonstige Steuern	78	19
=	Jahresüberschuss/Jahresfehlbetrag		20

Die Kontenklasse 8 (Ergebnisrechnungen) erfasst die Bilanzkonten
800 Eröffnungskonto (EBK) und
801 Schlussbilanzkonto (SBK)
sowie das Erfolgssammelkonto
802 GuV-Konto (Gesamtkostenverfahren)
bzw. alternativ
803 GuV-Konto (Umsatzkostenverfahren).

(Die Unterschiede zwischen der GuV-Rechnung nach Gesamtkostenverfahren und Umsatzkostenverfahren sollen hier nicht erörtert werden; es wird verwiesen auf Teil B: Bilanzen).

Der Saldo im GuV-Konto zeigt den Jahresüberschuss/Jahresfehlbetrag. Dieser wird, wenn er in dieser Form publiziert wird, über das Passivkonto
34 Jahresüberschuss/Jahresfehlbetrag
abgeschlossen.

Wird dagegen in der Bilanz nach teilweise erfolgter Gewinnverwendung der Bilanzgewinn ausgewiesen, muss das Jahresergebnis zwecks Verteilung vom GuV-Konto in die Kontogruppe
33 Ergebnisverwendung
übertragen werden; von dort gelangt es in die Bilanzpositionen Rücklagen und Bilanzgewinn.

Darüber hinaus bietet die Klasse 8 Kontierungsraum für die Kostenbereiche, die für die Entwicklung der GuV-Rechnung nach dem Umsatzkostenverfahren benötigt werden (Gruppen 81-84), und für den buchhalterischen Aufbau der kurzfristigen Erfolgsrechnung (Gruppen 85-89).

Ebenso kann die Klasse 9 für eine kontenmäßige Darstellung der Kosten- und Leistungsrechnung genutzt werden; allerdings wird diese in der Praxis üblicherweise tabellarisch durchgeführt.

4.3 Der IKR 1986 (Gekürzte Fassung in der Tiefgliederung des BdI)

0 Immaterielle Vermögensgegenstände und Sachanlagen

00 Ausstehende Einlagen
01 Aufwendungen für die Ingangsetzung und Erweiterung des Geschäftsbetriebs

Immaterielle Vermögensgegenstände

02 Konzessionen, gewerbliche Schutzrechte und ähnliche Rechte und Werte sowie Lizenzen an solchen Rechten und Werten
03 Geschäfts- oder Firmenwert

Sachanlagen

05 Grundstück und Gebäude
07 Technische Anlagen und Maschinen
08 Andere Anlagen, Betriebs- und Geschäftsausstattung (BGA)
- 084 Fuhrpark
- 086 Büromaschinen
- 087 Büromöbel
- 089 Geringwertige Vermögensgegenstände der BGA

09 Geleistete Anzahlungen und Anlagen im Bau

1 Finanzanlagen

11 Anteile an verbundenen Unternehmen
12 Ausleihungen an verbundene Unternehmen
13 Beteiligungen
14 Ausleihungen an Unternehmen, mit denen ein Beteiligungsverhältnis besteht
15 Wertpapiere des Anlagevermögens
16 Sonstige Ausleihungen (Sonstige Finanzanlagen)

2 Umlaufvermögen und aktive Rechnungsabgrenzung

Vorräte

20 Roh-, Hilfs- und Betriebsstoffe
- 200 Rohstoffe, Fertigungsmaterial
  - 2000 Rechnungsbeträge
  - 2001 Bezugskosten
  - 2002 Nachlässe (Einstandspreiskorrekturen)
- 201 Vorprodukte, Fremdbauteile
- 202 Hilfsstoffe
- 203 Betriebsstoffe

21 Unfertige Erzeugnisse, unfertige Leistungen
- 210 Unfertige Erzeugnisse
- 219 Unfertige Leistungen

22 Fertige Erzeugnisse, Handelswaren
- 220 Fertige Erzeugnisse
- 228 Handelswaren

23 Geleistete Anzahlungen auf Vorräte

Forderungen und sonstige Vermögensgegenstände

24 Forderungen aus Lieferungen und Leistungen
- 240 Forderungen aus L.u.L.
- 245 Wechselforderungen
- 247 Zweifelhafte Forderungen

25 Forderungen gegen verbundene Unternehmen
26 Sonstige Vermögensgegenstände
- 260 Vorsteuer
- 265 Forderungen an Mitarbeiter
- 266 Andere sonstige Forderungen (Antizipative RAP)

27 Wertpapiere des Umlaufvermögens
28 Flüssige Mittel
- 280 Guthaben bei Kreditinstituten (Bank)
- 288 Kasse

29 Aktive Rechnungsabgrenzung
- 290 Disagio
- 293 Andere aktive RAP

3 Eigenkapital und Rückstellungen

Eigenkapital

30 Kapitalkonto

Bei Einzelunternehmen und Personengesellschaften:

300 Kapitalkonto Gesellschafter A

3000 Eigenkapital

3001 Privatkonto

Bei Kapitalgesellschaften:

300 Gezeichnetes Kapital

31 Kapitalrücklage

32 Gewinnrücklagen

321 Gesetzliche Rücklagen

322 Rücklagen für eigene Anteile

323 Satzungsmäßige Rücklagen

324 Andere Gewinnrücklagen

33 Ergebnisverwendung

(entspricht dem Passivposten: Gewinnvortrag/Verlustvortrag *bzw. dem Passivposten:* Bilanzgewinn/Bilanzverlust

34 Jahresüberschuss/Jahresfehlbetrag

35 Sonderposten mit Rücklageanteil

36 Wertberichtigungen

361 Wertberichtigungen zu Sachanlagen

365 Wertberichtigungen zu Finanzanlagen

367 Einzelwertberichtigungen zu Forderungen

368 Pauschalwertberichtigungen zu Forderungen

Rückstellungen

37 Rückstellungen für Pensionen und ähnliche Verpflichtungen

38 Steuerrückstellungen

39 Sonstige Rückstellungen

4 Verbindlichkeiten und passive Rechnungsabgrenzung (RAP)

41 Anleihen

42 Verbindlichkeiten gegenüber Kreditinstituten

420 Kurzfristige Bankverbindlichkeiten

425 Langfristige Bankverbindlichkeiten

43 Erhaltene Anzahlungen auf Bestellungen

44 Verbindlichkeiten aus Lieferungen und Leistungen

45 Wechselverbindlichkeiten

46 Verbindlichkeiten gegenüber verbundenen Unternehmen

47 Verbindlichkeiten gegenüber Unternehmen, mit denen ein Beteiligungsverhältnis besteht

48 Sonstige Verbindlichkeiten

480 Umsatzsteuer

483 Verbindlichkeiten gegenüber Finanzbehörden (Lohnsteuer)

484 Verbindlichkeiten gegenüber Sozialversicherungsträgern

486 Verbindlichkeiten aus abzuführenden vermögenswirksamen Leistungen

487 Geleistete/empfangene Umsatzsteuervorauszahlungen

489 Übrige sonstige Verbindlichkeiten (Antizipative RAP)

49 Passive Rechnungsabgrenzung

490 Passive RAP

5 Erträge

50 Umsatzerlöse für eigene Erzeugnisse
- 500 Umsatzerlöse
  - 5000 Rechnungsbeträge
  - 5001 Nachlässe (Erlöskorrekturen)

51 Umsatzerlöse für Handelswaren
52 Erhöhung oder Verminderung des Bestandes an unfertigen und fertigen Erzeugnissen
53 Andere aktivierte Eigenleistungen
54 Sonstige betriebliche Erträge
- 540 Mieterträge
- 541 Sonstige Erlöse
- 542 Eigenverbrauch
- 543 Andere sonstige betriebliche Erträge
- 544 Erträge aus Werterhöhungen von Gegenständen des Anlagevermögens
- 545 Erträge aus Werterhöhungen von Forderungen (Auflösung oder Herabsetzung von Einzel- und Pauschalwertberichtigungen, Kurserhöhungen bei Forderungen in Fremdwährung und Valutabeständen)
- 546 Erträge aus dem Abgang von Vermögensgegenständen
  - 5461 - immaterielle Vermögensgegenstände
  - 5462 - Sachanlagen
  - 5463 - Umlaufvermögen
- 547 Erträge aus der Auflösung von Sonderposten mit Rücklageanteil
- 548 Erträge aus der Herabsetzung von Rückstellungen
- 549 Periodenfremde Erträge

55 Erträge aus Beteiligungen
56 Erträge aus anderen Wertpapieren und Ausleihungen des Finanzanlagevermögens
57 Sonstige Zinsen und ähnliche Erträge
- 571 Bankzinsen
- 573 Diskonterträge
- 576 Zinsen für Forderungen
- 578 Zinsen aus Wertpapieren des Umlaufvermögens

58 Außerordentliche Erträge
59 Erträge aus Verlustübernahme

6 Betriebliche Aufwendungen

Materialaufwand (60-61)

60 Aufwendungen für Roh-, Hilfs- und Betriebsstoffe und für bezogene Waren
- 600 Rohstoffe/Fertigungsmaterial
- 601 Vorprodukte/Fremdbauteile
- 602 Hilfsstoffe
- 603 Betriebsstoffe/Verbrauchswerkzeuge
- 604 Verpackungsmaterial
- 605 Energie
- 606 Reparaturmaterial
- 607 Sonstiges Material
- 608 Aufwendungen für Handelswaren (Wareneinsatz)
- 609 Sonderabschreibungen auf Material und Waren

61 Aufwendungen für bezogene Leistungen
- 610 Fremdleistungen für Erzeugnisse
- 613 Leiharbeitskräfte
- 614 Frachten und Fremdlager
- 615 Vertriebsprovisionen
- 616 Fremdinstandhaltung

Personalaufwendungen (62-64)

62 Löhne
63 Gehälter
64 Soziale Abgaben und Aufwendungen für Altersversorgung und für Unterstützung

Abschreibungen (65)

65 Abschreibungen
- 651 - auf immaterielle Vermögensgegenstände des Anlagevermögens
- 652 - auf Grundstücke und Gebäude
- 653 - auf technische Anlagen und Maschinen
- 654 - auf andere Anlagen, Betriebs- und Geschäftsausstattung
- 655 Außerplanmäßige Abschreibungen auf Sachanlagen gem. § 253 Abs.2 Satz 3 HGB
- 656 Steuerrechtliche Sonderabschreibungen auf Sachanlagen gem. § 254 HGB
- 657 Unübliche Abschreibungen auf Vorräte
- 658 Unübliche Abschreibungen auf Forderungen

Sonstige betriebliche Aufwendungen (66 – 70)

66 Sonstige Personalaufwendungen
67 Aufwendungen für die Inanspruchnahme von Rechten und Diensten
670 Mieten, Pachten, Erbbauzinsen
671 Leasing
672 Lizenzen und Konzessionen
673 Gebühren
675 Kosten des Geldverkehrs
676 Provisionen
677 Prüfung, Beratung, Rechtsschutz
68 Aufwendungen für Kommunikation
680 Büromaterial
681 Zeitungen und Fachliteratur
682 Post, Telefon, andere Netzdienste
683 Sonstige Kommunikationsmittel
685 Reisekosten
686 Gästebewirtung, Repräsentation
687 Werbung
689 Sonstige Aufwendungen für Kommunikation
69 Aufwendungen für Beiträge und Sonstiges sowie Wertkorrekturen und periodenfremde Aufwendungen
690 Versicherungsbeiträge
692 Beiträge zu Wirtschaftsverbänden und Berufsvertretungen
693 Andere sonstige betriebliche Aufwendungen
6931 Verluste aus Schadensfällen
6932 Forderungsverzicht
695 Verluste aus Wertminderungen von Forderungen
6951 Abschreibungen auf Forderungen wegen Uneinbringlichkeit
6952 Einzelwertberichtigungen
6953 Pauschalwertberichtigung
6954 Kursverluste bei Forderungen in Fremdwährung und Valutabeständen
696 Verluste aus dem Abgang von Vermögensgegenständen
6961 - immaterielle Vermögensgegenstände
6962 - Sachanlagen
697 Einstellungen in den Sonderposten mit Rücklageanteil
698 Zuführung zu Rückstellungen, soweit nicht unter anderen Aufwendungen erfassbar
699 Periodenfremde Aufwendungen (soweit nicht bei den betreffenden Aufwandsarten zu erfassen)

7 Weitere Aufwendungen

70 Betriebliche Steuern
  700 Gewerbekapitalsteuer
  701 Vermögensteuer
  702 Grundsteuer
  703 Kraftfahrzeugsteuer
  707 Ausfuhrzölle
  708 Verbrauchssteuern
  709 Sonstige betriebliche Steuern
74 Abschreibungen auf Finanzanlagen und auf Wertpapiere des Umlaufvermögens und Verluste aus entsprechenden Abgängen
75 Zinsen und ähnliche Aufwendungen
  751 Bankzinsen
  752 Kredit- und Überziehungsprovisionen
  753 Diskontaufwand
  754 Abschreibung auf Disagio
  755 Bürgschaftsprovisionen
  756 Zinsen für Verbindlichkeiten
  757 Abzinsungsbeträge
  759 Sonstige Zinsen und ähnliche Aufwendungen
76 Außerordentliche Aufwendungen
77 Steuern vom Einkommen und Ertrag
  770 Gewerbeertragsteuer
  771 Körperschaftsteuer
  772 Kapitalertragsteuer
  775 Latente Steuern
78 Sonstige Steuern
79 Aufwendungen aus Gewinnabführungsvertrag

8 Ergebnisrechnungen

80 Eröffnung/Abschluss
  800 Eröffnungsbilanzkonto
  801 Schlussbilanzkonto
  802 GuV-Konto Gesamtkostenverfahren
  803 GuV-Konto Umsatzkostenverfahren

Konten der Kostenbereiche für die GuV im Umsatzkostenverfahren
81 Herstellungskosten
82 Vertriebskosten
83 Allgemeine Verwaltungskosten
84 Sonstige betriebliche Aufwendungen

Konten der kurzfristigen Erfolgsrechnung (KER) für innerjährige Rechnungsperioden (Monat, Quartal oder Halbjahr)
85 Korrekturen zu den Erträgen der Kontenklasse 5
86 Korrekturen zu den Aufwendungen der Kontenklasse 6
87 Korrekturen zu den Aufwendungen der Kontenklasse 7
88 Kurzfristige Erfolgsrechnung
89 Innerjährige Rechnungsabgrenzung

9 Kosten- und Leistungsrechnung (KLR)
(In der Praxis wird die KLR gewöhnlich tabellarisch durchgeführt)
90 Unternehmensbezogene Abgrenzungen (Betriebsfremde Aufwendungen und Erträge)
91 Kostenrechnerische Korrekturen
92 Kostenarten und Leistungsarten
93 Kostenstellen
94 Kostenträger
95 Fertige Erzeugnisse
96 Interne Lieferungen und Leistungen sowie deren Kosten
97 Umsatzkosten
98 Umsatzleistungen
99 Ergebnisausweise

4.4 Der Kontenplan als betriebsindividuelle Kontengliederung

Lernziel:
• *Fähigkeit zur inhaltlichen Erläuterung des Begriffs Kontenplan sowie zur begrifflichen Abgrenzung zum Kontenrahmen*

Der IKR stellt eine Rahmenempfehlung für die Kontensystematik im industriellen Rechnungswesen dar. Er nimmt eine Einteilung in einstellige Kontenklassen und zweistellige Kontengruppen vor; eine weitergehende Unterteilung in dreistellige Konten und vierstellige Unterkonten bietet er nur für einige Kontengruppen an, soweit eine allgemeine Übertragbarkeit auf alle Industriebetriebe, unabhängig von Branchenzugehörigkeit, Größe und Rechtsform, zu unterstellen ist.

Der IKR lässt somit Spielraum für eine betriebsindividuelle Ausgestaltung des übergeordneten Rahmenschemas. Diese Möglichkeit wird ein Unternehmen z.B. nutzen, um aus einer weitergehenden Kontendifferenzierung zusätzlich gewünschte Informationen zu gewinnen. Andererseits benötigt nicht jedes Unternehmen alle genannten Konten. Wer z.B. keine Beteiligungen und Wertpapiere hat, verzichtet auch auf die Führung solcher Konten.

Das Rechnungswesen eines konkreten Unternehmens wird daher auf der Basis des generellen Kontenrahmens eine betriebsbezogene Auswahl aus den angebotenen Konten treffen, diese jedoch teilweise aus Informationsgründen weitergehend differenzieren. Die Zusammenstellung aller Konten, die ein bestimmter Betrieb führt, bezeichnet man als **Kontenplan**. Wenn in den folgenden Übungsaufgaben ein Kontenplan vorangestellt wird, beinhaltet dieser also die zur Verfügung stehenden Konten.

4.5 Das Kontenabschlussschema nach IKR

Lernziel:
• *Fähigkeit zum Nachvollziehen des Kontenabschlussschemas nach IKR* • *Fähigkeit zur Anwendung des IKR und der Beherrschung des Kontenabschlusses nach IKR an konkreten Geschäftsgängen*

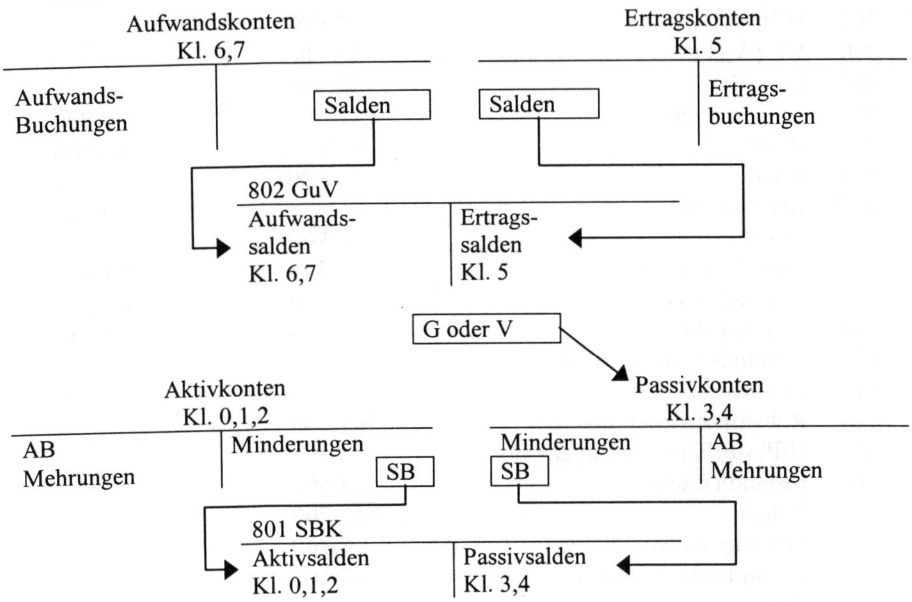

Aufgabe A4/1:

Vor dem Jahresabschluss weisen die Konten Soll- und Haben-Buchungen auf, die folgende Summen ergeben (Summenbilanz):

		Soll (Beträge in €)	Haben (Beträge in €)
07	Maschinen	80.000	6.000
200	Rohstoffe	136.000	101.000
202	Hilfsstoffe	24.900	-
210	UE (AB)	36.400	-
220	FE (AB)	42.900	-
240	Forderungen	246.300	209.700
280	Bank	298.600	283.700
288	Kasse	18.300	14.900
3000	Eigenkapital	-	160.000
3001	Privat	14.900	-
425	Darlehensschulden	8.800	165.000
44	Verbindlichkeiten	141.200	160.700
500	Umsatzerlöse	-	221.500
52	Bestandsveränderungen	-	-
542	Eigenverbrauch	-	6.100
600	Rohstoffaufwendungen	101.000	-
602	Hilfsstoffaufwendungen	-	-
616	Instandhaltung	12.800	-
62	Löhne	140.700	-
67	Sonstige Aufwendungen	8.700	-
751	Zinsaufwendungen	17.100	-
802	GuV	-	-
802	SBK	-	-
		1.382.600	1.328.600

1. Eröffnen Sie die Konten !
2. Buchen Sie die Schlussbestände lt. Inventur:

Hilfsstoffe	19.800
UE	34.700
FE	44.100

3. Schließen Sie die Konten in folgender Reihenfolge ab; dabei ist bei jeder Buchung das Gegenkonto anzugeben !

Konto ...	abzuschließen über Konto ...	
202	602	Hilfsstoffaufwendungen
210,220	52	BV
Klassen 5, 6, 7	802	GuV
3001, 802	3000	EK
Klassen 0, 1, 2, 3, 4	801	SBK

Lösungen im Lösungsteil

Aufgabe A4/2:

Anfangsbestände (Beträge in €):

07	Maschinen	106.000	240	Forderungen	27.600
200	Rohstoffe	58.000	280	Bankguthaben	11.200
202	Hilfsstoffe	11.300	288	Kasse	4.900
210	UE	12.700	3000	Eigenkapital	220.000
220	FE	25.400	44	Verbindlichkeiten	37.500

Kontenplan:

07, 200, 202, 210, 220, 240, 280, 288, 3000, 3001, 44, 500, 52, 600, 602, 615, 616, 63, 685, 751, 801, 802

Geschäftsvorfälle (Beträge in €):

1)	Zielverkauf von Erzeugnisse	16.800
2)	Banküberweisung für Vertreterprovision	4.800
3)	Bareinkauf von Hilfsstoffen	820
4)	Banküberweisung für Gehälter	8.610
5)	Kunden begleichen Rechnungen durch Banküberweisung	22.180
6)	Rechnungseingang für Maschinenreparatur	1.290
7)	Verbrauch von Rohstoffen lt. Materialentnahmeschein	7.220
8)	Barabhebung vom Bankkonto	4.000
9)	Barzahlung für Reisekosten	470
10)	Rohstoffeinkauf auf Ziel	6.550
11)	Privatentnahme bar	1.500
12)	Verkauf von Fertigerzeugnissen gegen Bankscheck	11.760
13)	Verkauf einer gebrauchten Maschine gegen Bankscheck	7.100
14)	Lastschrift der Bank für fällige Zinsen	680

Anschlussaufgaben:

Inventurbestände: Hilfsstoffe 10.900
(Der Verbrauch ist direkt zu ermitteln und als Aufwand umzubuchen)
UE 15.840
FE 26.910

Im übrigen stimmen die Buchwerte mit den Inventurwerten überein.

Lösung im Lösungsteil

5. Kapitel: Ausgewählte Buchungsfälle der Industriebuchführung nach IKR

Nachdem das System der Buchhaltung anhand einfacher bestandsverändernder und erfolgswirksamer Geschäftsvorfälle einschließlich der Kontensystematik in seinen Grundzügen dargelegt worden ist, ist nunmehr die buchhalterische Behandlung konkreter Geschäftsvorfälle der Industriebuchführung in Einzeldarstellungen aufzuzeigen. Dabei wird – insbesondere aus Gründen der Übersichtlichkeit – auf die ausführliche Erörterung weniger häufig vorkommender Vorfälle verzichtet. Die buchhalterische Behandlung solcher Spezialfälle kann auf deduktivem Wege aus dem Dargestellten abgeleitet oder der Spezialliteratur entnommen werden.

5.1 Die Umsatzsteuer in der Buchführung

Lernziele:
• *Verstehen des Umsatzsteuersystems als Mehrwertsteuer mit Vorsteuerabzug* • *Kenntnis der buchhalterischen Umsetzung des Abrechnungssystems der Mehrwertsteuer* • *Fähigkeit zur Erläuterung der Begriffe Mehrwert, Vorsteuer, Vorsteuerüberhang und Zahllast* • *Fähigkeit zur Buchung von Umsatzsteuerausweisen bei Ein- und Verkäufen* • *Fähigkeit zur buchhalterischen Ermittlung der Zahllast bzw. des Vorsteuerüberhangs* • *Fähigkeit zur buchhalterischen Behandlung der Zahllast bzw. des Vorsteuerüberhangs beim Zahlungsausgleich und am Jahresende* • *Fähigkeit zur Anwendung der erworbenen Umsatzsteuerkenntnisse auf Aufwandsbuchungen und auf privaten Eigenverbrauch* • *Fähigkeit zur buchhalterischen Bewältigung des Umsatzsteuerabschlusses*

Die bis 1967 gültige Erhebungsform der kumulativen Umsatzsteuer, die sogenannte Allphasen-Brutto-Umsatzsteuer, belastete auf jeder Umsatzstufe vom Urerzeuger bis zum Einzelhändler den jeweiligen Verkaufspreis mit einem bestimmten Umsatzsteuersatz. Deshalb erhöhte sich der insgesamt erhobene Steuerbetrag und damit der Gesamtpreis mit zunehmender Anzahl der Umsatzstufen. Dadurch waren diejenigen Unternehmen wettbewerbsmäßig begünstigt, die von der Gewinnung der Rohstoffe bis zum Verkauf an den Endverbraucher unter Ausschaltung weiterer Fertigungs- oder Handelsbetriebe alles in eigener Hand erledigten.

Darüber hinaus war es für die Bundesrepublik Deutschland ein Gebot der Steuerharmonisierung im Rahmen der Europäischen Gemeinschaft, das gleiche Umsatzsteuersystem einzuführen, das bereits in den meisten damaligen EG-Ländern angewendet wurde. So kam es mit Wirkung vom 01.01.1968 zur Einführung des heutigen Umsatzsteuersystems, der **Mehrwertsteuer mit Vorsteuerabzug**.

Die Mehrwertsteuer besteuert mit einem bestimmten Prozentsatz den Wert, der insgesamt von den Unternehmen, die an der Erstellung und Distribution eines Gutes oder einer Leistung beteiligt sind, geschaffen wird. Da unterstellt wird, daß der geschaffene Wert mit dem am Markt erzielten Preis identisch ist, gilt als Basis für die insgesamt zu erhebende Umsatzsteuer der Preis, der in der letzten Umsatzstufe vom Endverbraucher gezahlt wird. Da dieser jedoch mangels Aufzeichnungspflicht als Steuerschuldner erhebungstechnisch ungeeignet ist, könnte man die Steuerpflicht auf den Unternehmer vorverlegen, der durch Verkauf an den Endverbraucher den letzten aufzeichnungspflichtigen Umsatzerlös erzielt. Dies stößt wiederum auf Schwierigkeiten, weil dem Verkäufer nicht bekannt ist, ob sein Käufer bereits Endverbraucher ist. Eine erhebungstechnische einwandfreie Lösung ist die jetzt praktizierte Form der Mehrwertsteuer mit Vorsteuerabzug.

Man kann unterstellen, dass auf jeder Umsatzstufe, die ein Produkt von der Rohstoffgewinnung bis zum Einzelhändler durchläuft, ein Beitrag zur Werterhöhung erbracht wird; anderenfalls würde der Markt nicht bereit sein, von Stufe zu Stufe einen höheren Preis zu zahlen. Somit setzt sich der Gesamtwert eines Gutes oder einer Leistung aus der Summe der Wertschöpfung verschiedener Unternehmer zusammen. Jeder einzelne Unternehmer fügt durch seinen Leistungsbeitrag einen sogenannten **Mehrwert** hinzu. Dieser Mehrwert, definiert als Differenz zwischen Barverkaufspreis und Bareinkaufspreis, wird auf jeder Umsatzstufe mit einem bestimmten Prozentsatz besteuert.

Einige Umsätze sind gem. § 4 UStG von der Umsatzsteuer befreit; darunter fallen z.B. Ausfuhrlieferungen, Gewährung von Krediten, Umsätze aus Grundstücksgeschäften, Umsätze aus ärztlicher Tätigkeit, Umsätze staatlicher Kultureinrichtungen u.a.m..

Weitere Güter und Leistungen werden gem. § 12 Abs. 2 UStG (einschl. Anlage) mit einem ermäßigten Steuersatz (zur Zeit 7%) belastet, z.B. lebende Tiere, Fleisch, Fisch Milcherzeugnisse, Gemüse, Früchte, Backerzeugnisse, Blumen, Bücher, Zeitungen, Kunstgegenstände, Leistungen von privaten Kultureinrichtungen, Personenbeförderung durch Taxis und im genehmigten Linienverkehr mit Bussen und Schiffen u.a.m..

Auf alle übrigen steuerbaren Umsätze wurde nach Einführung der Mehrwertsteuer ab 01.01.1968 zunächst ein Steuersatz in Höhe von 10% erhoben. Dieser Satz wurde wiederholt um jeweils einen Prozentpunkt angehoben, und zwar

ab 01.07.1968 auf 11%,
ab 01.01.1978 auf 12%,
ab 01.07.1979 auf 13%,
ab 01.07.1983 auf 14%,
ab 01.01.1993 auf 15%,
ab 01.04.1998 auf 16%.

In diesem Buch wird der aktuell gültige Steuersatz in Höhe von 16% zugrundegelegt.

Verfolgt man einen Rohstoff, der unter Zusatz weiterer Leistungen, die hier zwecks besserer Übersicht vernachlässigt werden sollen, zu einem Fertigerzeugnis fortentwickelt wird und über Groß- und Einzelhandel an den Konsumenten gelangt, über alle Umsatzstufen, so könnte sich beispielhaft folgendes Bild seiner umsatzsteuerpflichtigen Wertentwicklung ergeben:

Umsatzstufe	Bareinkaufspreis (BEP) netto in € Barverkaufspreis (BVP)		Mehrwert	kumulierter Mehrwert
Urerzeuger	BEP	0,-	500,-	500,-
	BVP	500,-		
Produktionsbetrieb	BEP	500,-	1.500,-	2.000,-
	BVP	2.000,-		
Großhändler	BEP	2.000,-	400,-	2.400,-
	BVP	2.400,-		
Einzelhändler	BEP	2.400,-	600,-	3.000,-
	BVP	3.000,-		
Endverbraucher	BEP	3.000,-		

Bei einem einzelnen Unternehmer wird der von ihm geschaffene umsatzsteuerpflichtige Mehrwert dadurch kontrollierbar, dass der Umsatzsteueranteil in den Rechnungen offen ausgewiesen werden muss.

Nur bei kleinen Rechnungsbeträgen bis zu € 100 kann der Betrag brutto, d.h. inklusive Umsatzsteuer, ausgewiesen werden, jedoch unter Angabe des darin enthaltenen Umsatzsteuersatzes (§ 33 UStDV). In diesem Falle muss der Umsatzsteueranteil aus dem Brutto-Umsatzerlös herausgerechnet werden:

Bruttoumsatzerlöse inklusive 16% Umsatzsteuer = 116% des Nettoumsatzes;
Umsatzsteueranteil = 16% des Nettoumsatzes;

also $\frac{16}{116} \sim 13{,}79\%$ des Bruttoumsatzes.

Zur Darstellung der buchhalterischen Behandlung der Umsatzsteuer greifen wir aus obigem Beispiel den Produktionsbetrieb heraus: Er hat vom Rohstofflieferanten folgende Eingangsrechnung bekommen und an den Großhändler folgende Ausgangsrechnung verschickt:

	Eingangs-rechnung BEP in €	Ausgangs-rechnung BVP in €	Daraus ergibt sich der Mehrwert (BVP – BEP) in €
Wert der Ware netto	500,-	2.000,-	1.500,-
+ 16% USt	80,-	320,-	240,-
Rechnungsbetrag brutto	580,-	2.320,-	1.740,-

Der Produzent zahlt also beim Einkauf an den Rohstofflieferer über den Netto-Warenwert hinaus € 80,- für Umsatzsteuer, kassiert jedoch andererseits beim Verkauf vom Großhändler über den Netto-Warenwert hinaus € 320,- für Umsatzsteuer, d.h. er lässt sich vom Großhändler zum einen die von ihm an den Lieferanten gezahlte Umsatzsteuer in Höhe von € 80,- erstatten und stellt ihm darüber hinaus die auf den von ihm geschaffenen Mehrwert fällige Umsatzsteuer € 240,- in Rechnung. Diese auf den Mehrwert zu zahlende Steuer muss der Produktionsbetrieb als Steuerschuldner an das Finanzamt abführen.

Hieraus wird deutlich, welchen Charakter in buchhalterischer Hinsicht die Umsatzsteuer hat: Der einzelne Unternehmer muss seinem Kunden auf seinen Umsatzerlös einen bestimmten Prozentsatz für Umsatzsteuer in Rechnung stellen, von dem er einen Teil, die sogenannte **Vorsteuer**, bereits im Vorwege beim Einkauf an seinen Lieferanten gezahlt hat und deren Rest er an das Finanzamt abführen muss. Die Umsatzsteuer ist also lediglich ein durchlaufender Posten ohne Erfolgscharakter und langfristig ohne bestandsverändernde Wirkung.

Jeder Unternehmer hat von dem auf seinen gesamten Umsatzerlös in Rechnung gestellten Umsatzsteuerbetrag den Teilbetrag an das Finanzamt abzuführen, für den er keinen Vorsteuer-Abzug geltend machen kann. Als Vorsteuer-Abzug kann er den Umsatzsteuerbetrag geltend machen, den er beim Einkauf an seinen Lieferanten als ausgewiesene Umsatzsteuer im Sinne von Vorsteuer gezahlt hat. Rechtlich und bilanziell gesehen, entsteht somit aus jedem Umsatzerlös eine Umsatzsteuerschuld, gegen die jedoch die gezahlte Vorsteuer als Forderung aufgerechnet wird.

Daraus ergibt sich abrechnungs- und buchhaltungstechnisch eine relativ problemlose Ermittlung der an das Finanzamt abzuführenden Umsatzsteuer, der sogenannten **Zahllast**:

Die beim Einkauf entrichtete Vorsteuer wird als Mehrung der Forderungen gegenüber dem Finanzamt auf dem aktiven Bestandskonto „Vorsteuer" gebucht, und die beim Verkauf erhaltene Umsatzsteuer wird als Mehrung der Verbindlichkeiten gegenüber dem Finanzamt auf dem passiven Bestandskonto „Umsatzsteuer" (Mehrwertsteuer) erfasst.

In unserem Beispiel hat der Produktionsbetrieb zu buchen:

1)	Einkauf von Rohstoffen auf Ziel	€	500,-
	zuzüglich 16% USt	€	80,-
	Rechnungsbetrag brutto	€	580,-

Buchungssatz:

200 Rohstoffe	500,-	440 Verbindlichkeiten	580,-
260 Vorsteuer	80,-		

2)	Verkauf von Fertigerzeugnissen auf Ziel	€	2.000,-
	zuzüglich 16% USt	€	320,-
	Rechnungsbetrag brutto	€	2.320,-

Buchungssatz:

240 Forderungen	2.320,-	500 Umsatzerlöse	2.000,-
		480 Umsatzsteuer	320,-

Die beiden Umsatzsteuerkonten weisen nach diesen Buchungen folgendes Bild auf:

S	260 Vorsteuer		H
1)	80,-		

S	480 Umsatzsteuer		H
		2)	320,-

Zur Ermittlung der Zahllast werden die Forderungen (Konto Vorsteuer) und die Verbindlichkeiten (Konto Umsatzsteuer) miteinander verrechnet. Dies erfolgt zum Ende eines jeden Voranmeldungszeitraums.

Der Voranmeldungszeitraum erstreckt sich im Regelfall auf einen Kalendermonat. Bei einer Jahressteuerschuld von bis zu € 6.136 (vormals DM 12.000) verlängert sich der Voranmeldungszeitraum auf ein Kalendervierteljahr; bei einer Steuerschuld von bis zu € 512 (vormals DM 1.000) kann das Finanzamt von einer unterjährigen Voranmeldung befreien (§ 18 Abs. 2 UStG).

Der Unternehmer hat bis zum 10. Tag nach Ablauf jedes Voranmeldungszeitraums eine Voranmeldung abzugeben, in der er die Steuer für den Zeitraum selbst zu berechnen und eine entsprechende Vorauszahlung zu leisten hat (§ 18 Abs. 1 UStG). Zur Vermeidung von Härten können diese Fristen um jeweils einen Monat verlängert werden.

Buchungstechnisch kann die Aufrechnung der Vorsteuer-Forderung gegen die Umsatzsteuer-Verbindlichkeit so erfolgen, dass das Vorsteuerkonto saldiert wird und der Saldo im Umsatzsteuerkonto gegengebucht wird. Der danach im Umsatzsteuerkonto zu ermittelnde Saldo gibt die Zahllast wieder, die (meist) über das Bankkonto an das Finanzamt abgeführt wird.

Die buchungstechnische Fortsetzung des o.a. Beispiels weist dann folgendes Bild auf:

S	260 Vorsteuer		H
1)	80,-	480	80,-

S	280 Bank		H
		480	240,-

→

S	480 Umsatzsteuer		H
260	80,-	2)	320,-
280 (Zahllast)	240,-		

Da die Voranmeldung und Abführung der Zahllast jedoch erst zeitversetzt bis zum 10. Tag nach Ablauf des Voranmeldezeitraums erfolgt, am ersten Tag des Folgemonats jedoch bereits ein neuer Voranmeldungszeitraum beginnt, wird in der Praxis im allgemeinen ein Verrechnungskonto als vorübergehender „Parkplatz" eingerichtet, um hierauf die Zahllast ermitteln und bis zur Fälligkeit buchungstechnisch aufbewahren zu können.

Bei dieser buchhalterischen Vorgehensweise werden beide von der Umsatzsteuer berührten Konten brutto also ohne vorherige Verrechnung, über dieses „Parkkonto" 487 geleistete Vorsteuer / empfangene Umsatzsteuer abgeschlossen:

S	260 Vorsteuer		H
1)	80,-	487 (Saldo)	80,-

S	480 Umsatzsteuer		H
487 (Saldo)	320,-	2)	320,-

S	487 Geleistete/empfangene USt		H
260 Vorsteuer	80,-	480 USt	320,-
(Zahllast)	240,-		

Bei dieser Buchungsweise sind beide Umsatzsteuerkonten zu Beginn des folgenden Voranmeldungszeitraums ausgeglichen und zur Aufnahme neuer Buchungen bereit. Die Zahllast des abgelaufenen Voranmeldungszeitraums wird dann bei Fälligkeit von Konto 487 an das Finanzamt abgeführt, verbunden mit der Buchung

487 Geleistete/empfangene USt	280 Bank

In diesem Buch wird in den folgenden Beispielen und Aufgaben vom Nettoabschluss der Umsatzsteuerkonten ausgegangen, also von der direkten Verrechnung des Konto 260 Vorsteuer über Konto 480 Umsatzsteuer.

Wenn am 31.12. die Umsatzsteuer-Zahllast für das abgelaufene Jahr noch nicht überwiesen worden ist, sondern erst in den ersten Tagen des neuen Jahres gezahlt werden soll, muss sie als Sonstige Verbindlichkeiten (Kontengruppe 48) passiviert werden, d.h. auf der Passivseite der Schlussbilanz eingestellt werden.

Buchung:

480 Umsatzsteuer (Saldo)	801 SBK (Position „Sonstige Verbindlichkeiten“)

S	801 SBK		H
		Sonstige Verbindl.	240,-

S	480 Umsatzsteuer		H
Vorsteuer	80,-	USt	320,-
Saldo	240,-		

Auf Dauer hat ein existenzfähiges Unternehmen mehr umsatzsteuerpflichtige Umsatzerlöse als vorsteuerfähige Einkäufe zu verzeichnen; denn es wird im Normalfall mengenmäßig nicht mehr Güter und Leistungen einkaufen als es verarbeiten und absetzen kann, also wertmäßig in Erlöse umsetzen kann. Dieser Normalfall führt regelmäßig dazu, dass die im Haben des Kontos 480 Umsatzsteuer gebuchten Beträge größer sind als die im Soll des Kontos 260 Vorsteuer erfassten. Daher ergibt sich im Normalfall per Saldo eine Zahllast, also eine Verbindlichkeit gegenüber dem Finanzamt (vgl. oben dargestelltes Beispiel).

Für kürzere Betrachtungszeiträume kann jedoch auch bei wirtschaftlich gesunden Unternehmen die Vorsteuerforderung größer sein als die Umsatzsteuerschuld; dann liegt ein sogenannter **Vorsteuerüberhang** vor. Als praxisnahe Beispiele können genannt werden:

- Eine Konservenfabrik kauft seinen gesamten Jahresbedarf an Rohstoffen ernteabhängig im Spätsommer ein, während sich die Umsatzerlöse über das ganze Jahr verteilen.
- Ein Spielwarenhändler kauft das Gros der Ware für das umsatzstarke Weihnachtsgeschäft bereits einen Monat vor dem Verkauf ein.
- Ein Unternehmen tätigt in einem Monat eine Großinvestition, deren Einsatz über viele zukünftige Jahre verteilt zu Umsatzerlösen führt.

Eine solche Situation führt dann buchhalterisch dazu, dass die Aufrechnung der (geringeren) Umsatzsteuerschuld gegen die (höhere) Vorsteuerforderung zu einem Habensaldo führt, der einen aktiven Forderungsbestand bedeutet und systemgerecht im Gegenkonto im Soll gebucht werden muss. Ist dies zum Jahresabschluss der Fall, ist der Saldo als Forderung gegenüber dem Finanzamt zu aktivieren (Aktivseite der Bilanz bzw. Sollseite des SBK). Innerhalb eines Geschäftsjahres wird dieser Vorsteuerüberhang auf den nächsten Voranmeldungszeitraum vorgetragen, also mit einer späteren Umsatzsteuerschuld verrechnet oder vom Finanzamt erstattet.

S	260 Vorsteuer		H
Vorsteuer Aus Einkäufen	6.000,-	USt-Saldo	4.000,- ←
		Saldo (Vosteuerüberhang)	2.000,-

S	480 USt		H
Saldo	4.000,-	USt aus Verkäufen	4.000,-

↓

Rückerstattung durch das Finanzamt oder Aktivierung in der Bilanz als „Sonstige Vermögensgegenstände".

Steuerbar sind grundsätzlich sämtliche umgesetzte Güter und Leistungen unabhängig davon, ob sie vom Erwerber als Bestandsmehrung aktiviert werden (z.B. Rohstoffe, Maschinen) oder als erfolgsmindernder Aufwand gebucht werden (z.B. Reparaturaufwendungen). Für die richtige Buchung der Steuer bei Umsatz in Form von Dienstleistungen ist stets sorgfältig zu prüfen, ob es sich um einen „Einkauf" (zu buchen als Vorsteuer im Soll) oder um einen „Verkauf" (zu buchen als Umsatzsteuer im Haben) handelt.

Beispiele:

1) Reparaturleistung eines Handwerksbetriebes, Barzahlung.

a) Die Werkstatt bucht als „Verkäufer" der Reparaturleistung:

288 Kasse	500 Umsatzerlöse 480 Umsatzsteuer

b) Der Auftraggeber bucht als „Erwerber" der Reparaturleistung:

616 Fremdinstandhaltung 260 Vorsteuer	288 Kasse

2) Ein Industriebetrieb hat dem Kunden Lieferung frei Haus zugesagt und beauftragt einen Spediteur mit der Lieferung:

a) Der Spediteur bucht als „Verkäufer" der Transportleistung:

288 Kasse	500 Umsatzerlöse 480 Umsatzsteuer

b) Der Auftraggeber bucht als „Käufer" der Transportleistung:

614 Frachten 260 Vorsteuer	288 Kasse

3) Ein Industriebetrieb nimmt für den Verkauf seiner Produkte die Dienste eines Vertreters in Anspruch:

a) Der Vertreter stellt seine Provision in Rechnung:

240	Forderungen	500	Umsatzerlöse
		480	Umsatzsteuer

b) Der Industriebetrieb bucht als „Käufer" der Vermittlungsleistung:

615	Vertriebsprovisionen	440	Verbindlichkeiten
260	Vorsteuer		

Aus Gründen der Steuergerechtigkeit unterliegt gemäß Umsatzsteuergesetz auch der Eigenverbrauch der Umsatzsteuerpflicht. Der Eigenverbrauch von Fertigerzeugnissen ist als Verkauf an sich selbst zu deuten, und die Eigennutzung von Betriebsvermögen ist gedanklich wie eine Vermietung an sich selbst oder wie eine Verminderung der anerkennungsfähigen Aufwendungen zu sehen.

Alle diese Vorgänge werden jedoch – wie bereits im Abschnitt Privatkonto gezeigt – aufgrund des Bruttoprinzips als Eigenverbrauch in der Klasse 5, also als Ertrag, gebucht. Die buchhalterische Behandlung einschließlich ihrer Umsatzsteuerbuchung soll an folgenden Beispielen verdeutlicht werden:

1) Privatentnahme von Fertigerzeugnissen im Wert von € 300,- + USt.

3001	Privatkonto	348,-	542	Eigenverbrauch	300,-
			480	Umsatzsteuer	48,-

2) Während des Jahre sind sämtliche PKW-Aufwendungen in Höhe von 8.000,- € auf den entsprechenden Aufwandskonten gebucht worden. Der Anteil der privaten Nutzung des betriebseigenen PKW wird auf 25% geschätzt und ist am Jahresende als Eigenverbrauch zuzüglich Umsatzsteuer zu buchen.

3001	Privatkonto	2.320,-	542	Eigenverbrauch	2.000,-
			480	Umsatzsteuer	320,-

Aufgabe A5/1:

Abschluss Vorsteuer/Umsatzsteuer

Zum Ende eines Umsatzsteuer-Voranmeldungszeitraumes zeigen die Konten nachfolgendes Bild; die Zahllast ist zu ermitteln und durch Banküberweisung zu begleichen.

S	260 Vorsteuer	H
29.100,-		

S	480 Umsatzsteuer	H
		37.500,-

S	280 Bank	H
21.600,-		

Lösung im Lösungsteil

Aufgabe A5/2:

Am Abschlussstichtag ergibt sich in den Konten Vorsteuer/Umsatzsteuer folgendes Bild; die Zahllast ist zu passivieren bzw. der Vorsteuerüberhang zu aktivieren:

S	260 Vorsteuer	H
31.800,-		

S	480 Umsatzsteuer	H
		34.200,-

S	801 SBK	H

Lösung im Lösungsteil

5.2 Buchungen im Einkaufs- und Verkaufsbereich

Da die Buchungen, die der Käufer beim Einkauf von Material vorzunehmen hat, mit den Buchungen, die der Lieferer beim Verkauf durchzuführen hat, korrespondieren, können sie im Zusammenhang dargestellt werden.

Eingangsrechnung des Kunden = Ausgangsrechnung des Lieferers

Beispiel:

	Listenpreis für Rohstoffe	€	12.500,-
	- 20% Rabatt	€	2.500,-
=	Zielpreis netto	€	10.000,-
	+ Umsatzsteuer	€	1.600,-
=	Rechnungsbetrag brutto	€	11.600,-

Später sollen erfolgen:

- eine Rücksendung wegen falsch gelieferter Ware im Wert von netto € 2.000,-,
- eine Gutschrift über den vereinbarten Preisnachlass in Höhe von netto € 1.000,- wegen mangelhafter Ware,
- die Zahlung des Restbetrages durch Banküberweisung unter Abzug von 2% Skonto.

5.2.1 Sofortrabatte

Lernziel:
• *Kenntnis des buchhalterischen Ignorierens von Sofortrabatten*

Da ein auf der Rechnung ausgewiesener Rabatt („Sofortrabatt") als absatzpolitisches Instrument gedeutet wird und keinen buchhalterischen Bezug zu den Anschaffungskosten (beim Einkauf) bzw. zu den Umsatzerlösen (beim Verkauf) hat, werden Sofortrabatte buchhalterisch nicht erfasst. Gebucht wird lediglich der Zieleinkaufs- bzw. Zielverkaufspreis, der sich nach Abzug des Rabatts ergibt:

Buchung beim Kunden:

2000	Rohstoffe	10.000,-	440	Verbindlichkeiten	11.600,-
260	Vorsteuer	1.600,-			

Buchung beim Lieferer:

240	Forderungen	11.600,-	5000	Umsatzerlöse	10.000,-
			480	Umsatzsteuer	1.600,-

5.2.2 Bezugskosten und Ausgangsfrachten

Lernziele:

- *Fähigkeit zur beispielhaften Nennung von Bezugskosten und Ausgangsfrachten*
- *Kenntnis der Aktivierungspflicht der Bezugskosten*
- *Einsicht in die Zweckmäßigkeit der Bildung von Unterkonten zu den Konten Rohstoffe und Umsatzerlöse*
- *Fähigkeit zum Verstehen und Nachvollziehen des kontensystematischen Zusammenhangs zwischen den Unterkonten und dem übergeordneten Konto*
- *Beherrschen der Buchung von Bezugskosten und Ausgangsfrachten*

Der schuldrechtliche Erfüllungsort der Ware ist der Geschäftssitz des Warenschuldners. Daher sind, wenn nicht anderslautende vertragliche Vereinbarungen getroffen worden sind, sämtliche Kosten vom Sitz des Verkäufers ab vom Käufer zu übernehmen. Diese sogenannten **Bezugskosten** sind insbesondere Transportkosten, Rollgelder und Zölle. Liegt die Ware bereits für den Käufer frei verfügbar in seinem Lager, so stellt sie für ihn einen höheren Wert dar als im Lager des Lieferers. Deshalb sind auch beim Erwerb von Wirtschaftsgütern des Umlaufvermögens die gesamten Anschaffungskosten einschließlich der Anschaffungsnebenkosten (Bezugskosten) zu aktivieren (§ 255 Abs. 1 HGB):

	Anschaffungspreis der Rohstoffe	€	10.000,-	+ USt
+	Anschaffungsnebenkosten (Bezugskosten)	€	600,-	+ USt
=	zu aktivierende Anschaffungskosten	€	10.600,-	+ USt

Buchung der Bezugskosten beim Kunden (Barzahlung):

2000	Rohstoffe	600,-	288	Kasse	696,-
260	Vorsteuer	96,-			

Um die Buchhaltung aussagefähiger zu gestalten, werden die Bezugskosten im allgemeinen auf einem Unterkonto „2001 Bezugskosten für Rohstoffe" gesondert erfasst und summarisch über das Rohstoffkonto abgeschlossen.

2001	Bezugskosten	600,-	288	Kasse	696,-
260	Vorsteuer	96,-			

Beim Abschluss:

2000	Rohstoffe	600,-	2001	Bezugskosten	600,-

S 2001 Bezugskosten f. Rohstoffe H

S		H	
	600,-	2000	600,-

S 2000 Rohstoffe H

S		H
	10.000,-	
2001	600,-	

Somit erscheinen letztlich im Rohstoffkonto die gesamten Anschaffungskosten.

Korrekter im Sinne des Kontensystems wäre eigentlich die Führung eines übergeordneten Oberkontos 200 Rohstoffe sowie gleichrangiger Unterkonten 2000 Rechnungspreise für Rohstoffe, 2001 Bezugskosten usw.; dann wären sämtliche vierstellige Unterkonten der Kontenart 200 über dieses Konto abzuschließen.

S	200 Rohstoffe	H
2000	10.000,-	
2001	600,-	

S	2001 Bezugskosten f. Rohst.		H
	600,-	200	600,-

S	2000 Rechnungsbeträge Rohstoffe		H
	10.000,-	200	10.000,-

Aus Vereinfachungsgründen wird jedoch im allgemeinen von der Führung eines übergeordneten dreistelligen Kontos abgesehen, so dass das vierstellige Konto 2000 Rohstoffe eine Doppelfunktion hat, indem es die Rechnungsbeträge für Rohstoffe und zusätzlich als Oberkonto die Salden der nachfolgenden Konten 2001 ff. aufnimmt.

Bezugskonten für Hilfs- und Betriebsstoffe sowie für Vorprodukte (bezogene Fremdbauteile) werden analog auf entsprechenden Unterkonten der zugehörigen Stoffkonten gebucht.

Sind vertraglich andere Beförderungskostenklauseln vereinbart als nach Gesetz grundsätzlich vorgesehen, z.B. Lieferung frei Haus, frei Bestimmungsbahnhof oder frei Versandbahnhof, hat der Lieferer die Transportkosten in voller Höhe oder teilweise zu übernehmen. Für den Lieferer sind dies Aufwendungen, sogenannte Ausgangsfrachten, die den Ertrag aus der Umsatztätigkeit verringern und im Konto 614 Frachten gebucht werden können.

Lässt der Lieferer z.B. eine solche Transportleistung im Wert von € 600,- zuzüglich Umsatzsteuer von einer Spedition ausführen, bucht er (bei Barzahlung):

614	Frachten	600,-	288	Kasse	696,-
260	Vorsteuer	96,-			

Zu beachten ist, dass im **Vorsteuer**konto zu buchen ist, weil eine Leistung **ein**gekauft wird, auch wenn diese im Zusammenhang mit dem Verkauf von Gütern steht.

5.2.3 Rücksendungen

Lernziele:
• *Kenntnis des Begriffs Storno* • *Beherrschen der Buchung von Rücksendungen*

Rücksendungen aufgrund von Mängelrügen oder falsch gelieferter Güter erfordern eine Korrektur der beim Einkauf durch den Kunden bzw. beim Verkauf durch den Lieferer zuviel gebuchten Beträge. Die Korrektur wird im Wege einer einfachen Rückbuchung (**Stornierung, Stornobuchung**) vorgenommen. Wichtig ist, dass mit der nachträglichen Verminderung des Nettopreises auch die Bemessungsgrundlage für die Umsatzsteuer vermindert wird, so dass beim Kunden die Vorsteuerbuchung und beim Lieferer die Umsatzsteuerbuchung anteilig berichtigt werden muss.

In Fortsetzung unseres Ausgangsbeispiels von Abschnitt 5.2 soll eine Rücksendung im Wert von netto € 2.000,- vorgenommen werden:

Buchung beim Kunden: (Rücksendung an Lieferer)

440	Verbindlichkeiten	2.320,-	2000	Rohstoffe	2.000,-
			260	Vorsteuer	320,-

S	2000 Rohstoffe		H
	10.000,-	Rück- sendung	2.000,-

S	44 Verbindlichkeiten		H
Rück- sendung	2.320,-		11.600,-

S	260 Vorsteuer		H
	1.600,-	Rück- sendung	320,-

Buchung beim Lieferer: (Rücksendung vom Kunden)

5000	Umsatzerlöse	2.000,-	240	Forderungen	2.320,-
480	USt	320,-			

S	240 Forderungen		H
	11.600,-	Rück- sendung	2.320,-

S	5000 Umsatzerlöse		H
Rück- sendung	2.000,-		10.000,-

S	480 USt		H
Rück- sendung	320,-		1.600,-

5.2.4 Preisnachlässe

Lernziele:
• *Beherrschen der Buchung von Preisnachlässen*

Wird aufgrund einer Mängelrüge keine Rücksendung vorgenommen, sondern ein Preisnachlass (Minderung) vereinbart, dann erfolgt keine nachträgliche Änderung der gelieferten Menge, sondern lediglich eine nachträgliche Korrektur des Wertes der gelieferten Güter. Diesem Umstand wird buchhalterisch dadurch Rechnung getragen, dass keine einfache Stornobuchung durchgeführt wird, sondern die Preisnachlässe zunächst auf einem Unterkonto gesondert erfasst und später über das übergeordnete Konto abgeschlossen werden.

In Fortsetzung unseres Ausgangsbeispiels sei zwischen den Vertragspartnern ein Preisnachlass in Höhe von netto € 1.000,- vereinbart. Für den Kunden bedeutet die Gutschrift des Lieferers eine Einstandspreiskorrektur (EPK).

Buchung beim Kunden aufgrund der Gutschrift durch den Lieferer:

44	Verbindlichkeiten	1.160,-	2002	Einstandspreiskorrektur (EPK) für Rohstoffe	1.000,-
			260	Vorsteuer	160,-

Umbuchung zum Abschluss der Rechnungsperiode:

2002	EPK	1.000,-	2000	Rohstoffe	1.000,-

S	44 Verbindlichkeiten		H
Rück-sendung	2.320,-		
EPK	1.160,-		11.600,-

S	260 Vorsteuer		H
	1.600,-	Rück-sendung	320,-
		EPK	160,-

S	2000 Rohstoffe		H
Rechnungs-Preis	10.000,-	Rück-sen-dung	2.000,-
Bezugs-kosten	600,-	EPK	1.000,-

S	2002 EPK		H
Saldo	1.000,-	EPK	1.000,-

Für den Lieferer bedeutet dessen Gutschrift an den Kunden eine nachträgliche Erlösschmälerung, die zunächst auf dem Unterkonto 5001 Erlöskorrektur (Erlöskorr.) gesammelt wird.

Buchung beim Lieferer aufgrund seiner Gutschrift:

5001	Erlöskorr.	1.000,-	240	Forderungen	1.160,-
480	USt	160,-			

Umbuchung zum Abschluss der Rechnungsperiode:

5000	Umsatzerlöse	1.000,-	5001	Erlöskorr.	1.000,-

S	240 Ford.		H
	11.600,-	Rücks.	2.320,-
		Erlösk.	1.160,-

S	480 USt		H
Rücks.	320,-		1.600,-
Erlösk.	160,-		

S	5001 Erlöskorr.		H
Erlöskorr.	1.000,-	Saldo	1.000,-

S	5000 Umsatzerlöse		H
Rücks.	2.000,-		10.000,-
Erlöskorr.	1.000,-		

5.2.5 Zahlungen unter Abzug von Skonto

Lernziele:

- *Verstehen des Skontoabzugs als eigenständige Art des Preisnachlasses*
- *Fähigkeit zum Nachvollziehen von Skontobuchungen nach der Netto- und Bruttomethode*
- *Beherrschen der Buchung von Zahlungen unter Skontoabzug nach der Netto-Methode*

Eine besondere Art des Preisnachlasses stellt der Skontoabzug dar. In den meisten Branchen ist es üblich, dass der Lieferer dem Kunden ein Zahlungsziel von mehreren Wochen einräumt, also einen Lieferantenkredit gewährt. Da der Lieferer jedoch aus Kosten-, Liquiditäts- und Sicherheitsgründen wünscht, alsbald seine Forderung beglichen zu bekommen, bietet er dem Kunden oft alternativ bei vorzeitiger Zahlung eine Skontogewährung an. Dieser Skontoabzug für die Nichtinanspruchnahme eines Lieferantenkredits hat also finanzwirtschaftliche Gründe. Er wird üblicherweise zusammen mit anders begründeten Preisnachlässen im Konto 2002 bzw. 5001 gebucht. (Es könnten jedoch auch weitere Unterkonten eingerichtet werden, z.B.

beim Kunden „2003 Preisnachlässe (EPK) durch Skonti“ bzw.
beim Lieferer „5002 Erlöskorrekturen durch Skonti“.

Wie bei allen ex-post-Preiskorrekturen muss auch im Falle des Skontoabzugs die Umsatzsteuer anteilig berichtigt werden. Wir greifen unser Beispiel wieder auf, bei dem bisher folgende Vorgänge beim Kunden/Lieferer gebucht worden sind:

Lieferer	Kunde	Ursprünglicher Rechnungsbetrag	-	Rücksendung		- Preisnachlass		
Umsatzerlös	Rohstoffe	10.000,-	-	2.000,- =	8.000,-	-	1.000,- =	7.000,-
USt	Vorsteuer	1.600,-	-	320,- =	1.280,-	-	160,- =	1.120,-
Forderung	Verbindlichkeiten	11.600,-	-	2.320,- =	9.280,-	-	1.160,- =	8.120,-

Der Kunde begleicht durch Banküberweisung seine restliche Verbindlichkeit in Höhe von € 8.120,- abzüglich 2% Skonto:

		- 2% Skonto				
7.000,00	-	140,00	=	6.860,00	^=	100%
1.120,00	-	22,40	=	1.097,60	^=	16%
8.120,00	-	162,40	=	7.957,60	^=	116%

Da der Skontoabzug vertragsgemäß ist, hat nach diesem Vorgang der Kunde keine Verbindlichkeiten, der Lieferer keine Forderungen mehr; deshalb darf trotz des geringeren Zahlungsbetrages im Verbindlichkeiten-/Forderungskonto kein Saldo übrigbleiben.

Der Skontoabzug selbst stellt für den Kunden eine Einstandspreiskorrektur seiner eingekauften Rohstoffe in Höhe von € 140,- dar, die er im Konto 2002 sammelt und dementsprechend auch die Vorsteuer anteilig um € 22,40 berichtigt. Für den Lieferer ist im Skontobetrag von € 162,40 16/116 ^= € 140,00 nachträgliche Erlöskorrektur, die er im Konto 5001 bucht.

Buchung beim Kunden:

440	Verbindlichkeiten	8.120,00	280	Bank	7.957,60
			2002	EPK	140,00
			260	Vorsteuer	22,40

Buchung beim Lieferer:

280	Bank	7.957,60	240	Forderungen	8.120,00
5001	Erlöskorr.	140,00			
480	USt	22,40			

In der Praxis setzt sich der Skontoabzug bei einem derzeitigen Umsatzsteuersatz von 16% zu 100/116 aus Einstandspreis-/Erlöskorrektur und zu 16/116 aus Vorsteuer-/Umsatzsteuer-Berichtigung zusammen. Um sich das genaue Errechnen der Steuerberichtigungsbeträge in jedem Einzelfall zu ersparen, werden Preisnachlässe (wegen Mängelrüge und wegen Skontoabzugs) häufig **„brutto“** gebucht; d.h. es wird zunächst der gesamte Abzugsbetrag einschließlich des darin enthaltenen Steueranteils als Einstandspreis-/Erlöskorrektur gebucht; und die Steuerberichtigung wird erst am Ende des Umsatzsteuer-Abrechnungszeitraums, also monatlich oder vierteljährlich, aus der Gesamtsumme anteilig herausgerechnet und in den Steuerkonten gegengebucht:

Buchung beim Kunden:

S	260 Vorsteuer	H
	2000/2002	502,40

S	2000/2002 Rohst./EPK	H
Vorsteuer-berichtigung		2.320,00
		1.160,00
		162,40
$\frac{16}{116}$ ^= 502,40		

Buchung beim Lieferer:

S	5000/5001 Umsatzerl./Erlöskorr.	H
2.320,00	USt-Ber.	
1.160,00		
162,40		
	$\frac{16}{116}$ ^=502,40	

S	480 USt	H
5000/5001	502,40	

In dieser Schrift wird jedoch die Steuerberichtigung weiterhin nach der Netto-Methode vorgenommen.

5.2.6 Handelswaren

Lernziele:
• *Beherrschen der Buchung von Ein- und Verkäufen von Handelswaren* • *Fähigkeit zum Kontenabschluss unter Berücksichtigung von Unterkonten im Ein- und Verkaufsbereich sowie von Handelswaren* • *Fähigkeit zur Bildung von Buchungssätzen zu Geschäftsvorfällen aus dem Ein- und Verkaufsbereich*

Außer dem Verkauf der selbstproduzierten Güter führen Industriebetriebe häufig nebenbei (z.B. zur Vervollständigung des Sortiments oder als Zubehör) auch Erzeugnisse, die ohne substantielle Veränderung im eingekauften Zustand weiterveräußert werden. Diese sogenannten Handelswaren werden bestandsmäßig im Konto „228 Handelswaren" (HW) ausgewiesen; der aus ihnen resultierende Verkaufserlöse wird im Konto „510 Umsatzerlöse für Handelswaren" erfasst, der hierfür erforderliche Wareneinsatz im Konto 608 Aufwendungen für Waren (Wareneinsatz).

Beispiel:

1)	Zieleinkauf von Handelswaren im Wert von	€	3.000,-
	+ Umsatzsteuer	€	480,-
2)	Zielverkauf von Handelswaren im Wert von	€	4.000,-
	+ Umsatzsteuer	€	640,-

Ähnlich der buchhalterischen Erfassung des Materialverbrauchs stehen auch bei der Buchung der Warengeschäfte verschiedene Möglichkeiten zur Verfügung.

(1) Ermittlung des Wareneinsatzes durch Inventur:

Buchung:

1)	228 HW	3.000,-	440	Verbindlichkeiten	3.480,-
	260 Vorsteuer	480,-			
2)	240 Forderungen	4.640,-	510	Umsatzerlöse aus HW	4.000,-
			480	Umsatzsteuer	640,-

Um einen Ertrag aus Warenumsatz erzielen zu können, bedarf es eines Aufwands in Form von Wareneinsatz. Die Buchung erfolgt direkt im Konto Umsatzerlöse und wird von dort per Saldo in das GuV-Konto weitergeleitet. Die Erfassung und Buchung des Aufwands erfolgt wie die oben behandelte indirekte Ermittlung des Rohstoffaufwands über den Inventurbestand:

	AB Handelswaren	€	2.000,-
+	Zukäufe	€	3.000,-
–	SB lt. Inventur	€	1.800,-
=	Wareneinsatz	€	3.200,-

Buchung:

801 SBK	1.800,-	228 HW	1.800,-
608 Wareneinsatz	3.200,-	228 HW (Saldo)	3.200,-

S 228 HW H

AB	2.000,-	SB lt. Inv.	1.800,-
1)	3.000,-	608 WE	3.200,-

S 801 SBK H

HW	1.800,-		

S 608 Wareneinsatz H

228 HW	3.200,-	Saldo	3.200,-

S 510 Umsatzerlöse HW H

Saldo	4.000,-	2)	4.000,-

S 802 GuV H

608 Wareneinsatz	3.200,-	510 Umsatzerlöse HW	4.000,-

(2) Ermittlung des Wareneinsatzes beim „Just-in-time-Verfahren“:

Gemäß der Vorstellung, dass die eingekauften Waren umgehend weiterverkauft werden, werden die Warenzugänge nicht als Bestandsmehrung im Soll des Bestandskontos 228 Handelswaren, sondern sogleich als Wareneinsatz im Aufwandskonto 608 gebucht.

Buchung:

1)	608 Wareneinsatz	3.000,-	440	Verbindlichkeiten	3.480,-
	260 Vorsteuer	480,-			
2)	240 Forderungen	4.640,-	510	Umsatzerl. aus HW	4.000,-
			480	Umsatzsteuer	640,-

Die auch bei dieser Handhabung der eingekauften Waren mögliche Diskrepanz zwischen Einkaufsmenge und Verkaufsmenge wird als Korrektur des Wareneinsatzes berücksichtigt. Dazu wird – wie bei der Inventurmethode – der Saldo im Warenbestandskonto als Differenz zwischen Anfangsbestand und Schlussbestand (lt. Inventur) ermittelt und im Aufwandskonto Wareneinsatz gegengebucht.

Buchung:

801	SBK	1.800,-	228	HW	1.800,-
608	Wareneinsatz	200,-	228	HW (Saldo)	200,-

S	228 HW		H
AB	2.000,-	SB lt. Inv.	1.800,-
		608 WE	200,-

S	801 SBK		H
HW	1.800,-		

S	608 Wareneinsatz		H
1)	3.000,-	Saldo	3.200,-
228 HW	200,-		

S	510 Umsatzerlöse HW		H
Saldo	4.000,-	2)	4.000,-

S	802 GuV		H
608 WE	3.200,-	510 Umsatzerlöse HW	4.000,-

Aufgabe A5/3:

Bringen Sie die Konten 2000 bis 608 zum Abschluss unter Berücksichtigung folgender Inventurwerte:

Rohstoffe	11.430,-
Handelswaren	1.770,-

Geben Sie vor dem gebuchten Betrag jeweils das Gegenkonto an!

2000 Rohstoffe

46.800,-	

5000 Umsatzerlöse

	173.280,-

2001 Bezugskosten

710,-	

5001 Erlöskorrekturen

1.310,-	

510 Umsatzerlöse

	8.180,-

2002 EPK

	2.470,-

600 Rohstoffaufwendungen

228 Handelswaren

7.090,-	

608 Wareneinsatz

802 GuV

801 SBK

Lösung im Lösungsteil

Aufgabe A5/4:

Bilden Sie die Buchungssätze zu folgenden Geschäftsvorfällen:

Kontenplan:

2000, 2001, 2002, 240, 280, 288, 3001, 440, 480, 5000, 5001, 510, 600, 614, 751

Geschäftsvorfälle (alle Beträge in €):

1)	Kauf von Rohstoffen auf Ziel, netto	30.000,-
	+ Umsatzsteuer	4.800,-
	Eingangsfracht an Spediteur, bar, netto	1.200,-
	+ Umsatzsteuer	192,-
2)	Wir senden falsch gelieferte Rohstoffe (Fall 1) zurück, brutto	6.960,-
3)	Nach Vereinbarung mit dem Lieferanten (Fall 1) erhalten wir einen Preisnachlass wegen Sachmängel in Höhe von netto	1.000,-
4)	Wir begleichen die Rechnung (Fall 1-3) abzüglich 3% Skonto durch Banküberweisung	
5)	Rohstoffverbrauch lt. Materialentnahmeschein	25.000,-
6)	Barverkauf von Handelswaren, netto	700,-
	+ Umsatzsteuer	112,-
7)	Privatentnahme, bar	2.500,-
8)	Die Bank belastet unser Girokonto mit Zinsen für das Darlehen	2.100,-
9)	Verkauf von Fertigerzeugnissen auf Ziel, netto	16.000,-
	+ Umsatzsteuer	2.560,-
	Ausgangsfracht hierauf, bar	1.000,-
	+ Umsatzsteuer	160,-
10)	Der Kunde aus Fall 9 erhält einen Bonus, brutto	3.480,-
	Er überweist den Restbetrag abzüglich 2% Skonto auf unser Bankkonto	

Lösung im Lösungsteil

5.3 Buchungen im Zahlungs- und Finanzbereich

5.3.1 Erfolgswirksame Vorgänge im Zahlungs- und Kreditverkehr

Lernziel:
• *Fähigkeit zur Buchung einfacher Vorgänge im Zahlungs- und Kreditverkehr*

Buchhalterisch ist zu unterscheiden zwischen Erfolgsvorgängen mit Zinscharakter und Gebührencharakter.

Kontengruppe 75 Zinsen und ähnliche Aufwendungen,
u.a. Konto 751 Zinsaufwendungen für in Anspruch genommen Bankkredite,
752 Kredit- und Überziehungsprovisionen,
753 Diskontaufwendungen,
756 Zinsen für Lieferantenverbindlichkeiten,
Kontengruppe 67 Aufwendungen für die Inanspruchnahme von Rechten und Diensten
u.a. Konto 675 Kosten des Geldverkehrs,
z.B. Kontoführungsgebühren,
Umsatzprovisionen,
Inkassoprovisionen

Kontengruppe 57 Zinsen und ähnliche Erträge,
u.a. Konto 571 Zinsgutschriften der Bank,
573 Diskonterträge,
576 den Kunden von uns in Rechnung gestellte Verzugszinsen,
578 Dividendenerträge aus Wertpapieren des Umlaufvermögens.

Beispiel:

Kontoabrechnung einer Bank per 20.06:

Lastschrift € 200,-, davon für:	Sollzinsen	€	140,-
	Spesen und Auslagen	€	50,-
	Überziehungsprovision	€	10,-
Gutschrift für Habenzinsen		€	5,-

Buchung:

751	Zinsaufwendungen	150,-			
675	Aufwendungen des Geldverkehrs	50,-	280	Bank	200,-

280	Bank	5,-	/	571	Zinserträge	5,-

Beispiel:

Ein Lieferant belastet seinen Kunden mit Verzugszinsen in Höhe von € 30,-.

Buchung beim Lieferer:

240	Forderungen	30,-	|	576	Zinserträge	30,-

Buchung beim Kunden:

756	Zinsaufwendungen	30,-	|	440	Verbindlichkeiten	30,-

5.3.2 Buchungen im Scheckverkehr

Lernziel:
• *Fähigkeit zur buchhalterischen Berücksichtigung von Zahlungen mit Scheck*

Wenn der Zahlungspflichtige zur Begleichung einer Verbindlichkeit einen Scheck ausstellt, bucht er entweder nach Aushändigung oder – üblicherweise – erst nach Einlösung des Schecks und Belastung seines Kontos durch die Bank:

440	Verbindlichkeiten	280	Bank

Ein besonderes Scheckkonto wird also nicht geführt.

Erhält ein Lieferant zum Ausgleich seiner Forderungen von einem Kunden einen Scheck, den er zwecks Einzugs an die Bank weitergibt, kann er analog entweder bei Einreichung oder bei erfolgter Bankgutschrift buchen:

280	Bank	240	Forderungen

Da die von Kunden zur Begleichung von Verbindlichkeiten erhaltenen Schecks jedoch nicht immer sofort zum Einzug an die Bank weitergegeben werden, wird häufig, bei größeren Betrieben sogar regelmäßig, ein aktives Bestandskonto „286 Schecks von Kunden" geführt, in dem diese liquiditätsnahen Forderungswerte gesammelt werden. Nach Empfang des Schecks wird gebucht:

286	Schecks	240	Forderungen

Nach Einlieferung bei der Bank oder nach Kontogutschrift:

280	Bank	286	Schecks

Sind am Bilanzstichtag noch Kundenschecks im Bestand, sind diese als Vermögenswert (flüssige Mittel) zu aktivieren.

5.3.3 Eigene und erhaltene Anzahlungen

Lernziel:
• *Fähigkeit zur Buchung geleisteter und erhaltener Anzahlungen*

Zu unterscheiden ist zwischen

eigenen geleisteten Anzahlungen an Lieferer (Kontengruppe 23) und
von Kunden erhaltenen Anzahlungen (Kontengruppe 43).

Beispiel:

Für eine umfangreiche Rohstofflieferung im Wert von € 50.000 + € 8.000 USt ist eine Anzahlung in Höhe von € 20.000 + € 3.200 USt geleistet worden; eine Anzahlungsrechnung mit gesondertem Umsatzsteuerausweis liegt vor.

Leistet ein **Kunde** (Auftraggeber) eine Anzahlung an einen Lieferer, so entsteht in Höhe der geleisteten Anzahlung eine Leistungsforderung gegenüber dem Lieferer; diese ist zu aktivieren und bei Rechnungsausgleich aufzulösen. Anzahlungen ab € 10.000 sind umsatzsteuerpflichtig, Anzahlungen unter € 10.000 nur dann, wenn eine Anzahlungsrechnung mit offenem Umsatzsteuerausweis vorliegt.

Buchungen beim Kunden:

1. Bei Leistung der Anzahlung:

23	Geleistete Anzahlung	20.000,-	280	Bank	23.200,-
260	Vorsteuer	3.200,-			

2. Bei Rechnungseingang nach Lieferung der Rohstoffe:

2000	Rohstoffe	50.000,-	23	Geleistete Anzahlung	20.000,-
260	Vorsteuer	4.800,-	440	Verbindlichkeiten	34.800,-

3. Bei Begleichung der Rechnung:

440	Verbindlichkeiten	34.800,-	280	Bank	34.800,-

Für den **Lieferer** bedeutet der gleiche Vorgang eine erhaltene Anzahlung und damit eine Leistungsverbindlichkeit gegenüber dem Kunden.

Buchungen beim Lieferer:

1. Bei Erhalt der Anzahlung:

280	Bank	23.200,-	43	Erhaltene Anzahlung	20.000,-
			480	Umsatzsteuer	3.200,-

2. Bei Rechnungserteilung:

43	Erhaltene Anzahlung	20.000,-	5000	Umsatzerlöse	50.000,-
240	Forderungen	34.800,-	480	Umsatzsteuer	4.800,-

3. Bei Eingang der Restzahlung:

280	Bank	34.800,-	240	Forderungen	34.800,-

5.4 Buchungen im Personalbereich

Lernziele:

- *Kenntnis der möglichen Abzüge vom Brutto-Arbeitsentgelt*
- *Beherrschen der Buchung von Lohn- und Gehaltsabrechnungen mit gesetzlichen Abzügen*
- *Fähigkeit zur Buchung von Vorschüssen und Sachleistungen*
- *Fähigkeit zur Bildung von Buchungssätzen im Personalbereich*
- *Fähigkeit zur buchhalterischen Bewältigung von Geschäftsgängen mit sämtlichen wesentlichen Geschäftsvorfällen*

Der Arbeitgeber gewährt seinen Mitarbeitern als Entgelt für die geleistete Arbeit Lohn (für Arbeiter) bzw. Gehalt (für Angestellte). Dabei ist er verpflichtet, vom Bruttoentgelt die Beträge einzubehalten und weiterzuleiten, die vom Fiskus als Lohnsteuer und von den Sozialversicherungsträgern als Renten-, Kranken- und Arbeitslosenversicherungsbeitrag beansprucht werden. (Die Kirchensteuer soll hier vernachlässigt werden, da sie nicht bundeseinheitlich geregelt ist und zudem nur für die beiden großen Kirchen vom Finanzamt eingezogen wird. Ebenso wird der Solidaritätszuschlag wegen seines vorübergehenden Charakters vernachlässigt.) Zur Auszahlung gelangt also nur das nach Abzug der einbehaltenen Beträge verbleibende Nettogehalt.

Die Höhe der Sozialversicherungspflichtbeiträge bemisst sich nach Prozentsätzen vom Brutto-Arbeitsentgelt, jedoch höchstens von der Beitragsbemessungsgrenze. Da die Beitragsbemessungsgrenzen und die Beitragssätze der einzelnen Sozialversicherungszweige relativ häufig geändert werden, wird hier aus Vereinfachungsgründen mit einem Arbeitsentgelt unterhalb der Bemessungsgrenze und mit einem vereinfachten Satz von insgesamt 40% für Renten-, Kranken-, Pflege- und Arbeitslosenversicherung gerechnet. Hiervon trägt der Arbeitgeber die Hälfte (Arbeitgeberanteil), während die andere Hälfte zu Lasten des Arbeitnehmers geht und von seinem Bruttogehalt abgezogen wird (Arbeitnehmeranteil). Zusätzlich muss der Arbeitgeber die vollen Beiträge zur Berufsgenossenschaft (gesetzliche Unfallversicherung) allein zahlen.

Im Zusammenhang mit Personalbuchungen können außerdem Lohn- und Gehaltsvorschüsse, vermögenswirksame Leistungen, freiwillige soziale Leistungen sowie Sachleistungen (z.B. privat zu nutzender Firmenwagen) vorkommen, deren buchhalterische Behandlung nur auszugsweise dargestellt werden soll.

Beispiel für eine vereinfachte Gehaltsabrechnung:

Gehalt brutto		€ 4.000,-
Lohnsteuer Klasse III/2 Kinder	€ 415,-	
Arbeitnehmeranteil zur Sozialversicherung 20%	€ 800,-	
Abzüge insgesamt		€ 1.215,-
Gehalt netto		€ 2.785,-
Arbeitgeberanteil zur Sozialversicherung 20%		€ 800,-

Das Bruttogehalt und der Arbeitgeberanteil zur Sozialversicherung stellen Personalaufwendungen dar; das Nettogehalt wird meist durch Banküberweisung ausgezahlt. Die einbehaltenen Beträge für Lohnsteuer und Sozialversicherung (Arbeitnehmeranteil + Arbeitgeberanteil) stellen vom Zeitpunkt der Gehaltsfälligkeit Verbindlichkeiten gegenüber dem Finanzamt (Lohnsteuer) bzw. gegenüber den Krankenkassen als Inkassostellen für die Sozialversicherungen dar. Da die einbehaltene Lohnsteuer im allgemeinen erst am 10. des folgenden Monats und die einbehaltenen Sozialversicherungsbeiträge im allgemeinen erst am 15. des folgenden Monats beglichen werden, sind sie bis zur Zahlung „Sonstige Verbindlichkeiten", die als durchlaufende Posten kurzfristig in der Kontengruppe 48 Sonstige Verbindlichkeiten gespeichert werden. In Betracht kommen die Konten:

483 Sonstige Verbindlichkeiten gegenüber Finanzbehörden (Lohnsteuer)
484 Verbindlichkeiten gegenüber Sozialversicherungsträgern

Buchung bei Zahlung des Gehalts:

63	Gehälter	4.000,-	280	Bank	2.785,-
			483	Verbindlichkeiten gegenüber FA	415,-
			484	Verbindlichkeiten gegenüber Sozialvers. (AN-Anteil)	800,-
64	Soziale Abgaben (Arbeitgeberanteil zur Sozialvers.	800,-	484	Verbindlichkeiten gegenüber Sozialvers. (AG-Anteil)	800,-

Bei Zahlung der noch abzuführenden Abgaben:

483	Verbindlichkeiten gegenüber FA	415,-	280	Bank	2.015,-
484	Verbindl. gegenüber Sozialvers.	1.600,-			

Befindet sich am Bilanzstichtag in den Konten 483,484 noch ein Bestand, ist dieser unter der Position „Sonstige Verbindlichkeiten“ zu passivieren:

483	Verbindlichkeiten gegenüber FA	801	SBK
484	Verbindl. gegenüber Sozialvers.		

Gehaltsvorschüsse:

Erhält ein Mitarbeiter einen Vorschuss auf spätere Gehaltszahlungen, wird hierdurch ein Darlehensverhältnis begründet, das in bilanzieller Hinsicht aus Sicht des Arbeitgebers einen „Sonstigen Vermögensgegenstand“ darstellt, der im Konto 265 „Forderungen an Mitarbeiter“ erfasst wird.

Beispiel: (Variation 1 zum Ausgangsbeispiel):

Der Angestellte bekommt einen Vorschuss in Höhe von € 500,- (Barzahlung).

Buchung:

265	Forderungen an Mitarbeiter	500,-	288	Kasse	500,-

Durch Verrechnung dieses Vorschusses mit der nächsten Gehaltszahlung wird die Forderung wieder ausgeglichen.

Buchung:

63	Gehälter	4.000,-	265	Forderungen an Mitarbeiter	500,-
64	Soziale Abgaben	800,-	280	Bank	2.285,-
			483	Verb. g. FA	415,-
			484	Verb. g. Soz.vers.	1.600,-

Sachleistungen :

Auch Sachleistungen, z.B. die Zurverfügungstellung einer Werkswohnung oder eines Firmenwagens, sind als Arbeitsentgelt zu betrachten, die folglich die Höhe des auszuzahlenden Nettogehalt um den Wert dieser Leistung mindern.

Beispiel: (Variation 2 zum Ausgangsbeispiel):

Mietwert der Werkswohnung des Angestellten € 900,-

Buchung:

63	Gehälter	4.000,-	540	Mieterträge	900,-
64	Soziale Abgaben	800,-	280	Bank	1.885,-
			483	Verb. g. FA	415,-
			484	Verb. g. Soz.vers.	1.600,-

Weitere personalbezogene Aufwendungen:

Häufig werden an Mitarbeiter **individuelle Sondervergütungen** gezahlt, z.B. aus Anlass eines Dienstjubiläums, als 13. Monatsgehalt, als Weihnachtsgeld, als Urlaubsgeld o.ä. Derartige Vergütungen stellen grundsätzlich Arbeitsentgelt dar und unterliegen (zumindest bei Überschreitung bestimmter Freigrenzen) den gleichen steuerrechtlichen und sozialversicherungsrechtlichen Abzugspflichten wie die Grundvergütung. Diese Sondervergütungen können deshalb buchungsmäßig auch in den gleichen Konten 62 Löhne bzw. 63 Gehälter erfasst werden wie die Grundvergütung.

Anders zu beurteilen sind dagegen Vergütungen, die den Mitarbeitern in ihrer Gesamtheit zugute kommen. Das können Aufwendungen für Betriebsausflüge und Betriebsfeste, für betriebliche Kindergärten und Betriebssport, für betriebliche Fortbildung o.ä. sein. Derartige **kollektive Vergütungen** dienen dem allgemeinen betrieblichen Interesse und werden deshalb als **sonstige Personalaufwendungen** in der Kontengruppe 66 gebucht.

Summarische Buchung von Personalaufwendungen:

Da die Lohn- und Gehaltsabrechnung für alle Arbeitnehmer auf Listen zusammengetragen werden, kann die Buchung monatlich in einer Summe erfolgen.

Beispiel:

Zu buchen ist folgende Gehaltsliste (bargeldlose Zahlung):

Gehaltsliste April 2002 (Beträge in €)					
Brutto	Abzüge für		Arbeitgeber-anteil zur Sozialver-sicherung	zu verrech-nende Vorschüsse	Auszah-lungs-betrag
	Lohn-/ Kirchen-steuer	Sozial-versicherung			
26.850,-	2.910,-	5.370,-	5.370,-	400,-	18.170,-

Buchung:

63	Gehälter	26.850,-	280	Bank	18.170,-
64	Soziale Abgaben	5.370,-	265	Forderungen an Mitarbeiter	400,-
			483	Verb. g. FA	2.910,-
			484	Verb.g. Soz.vers.	10.740,-

Aufgabe A5/5:

Buchungssätze zu Personalbuchungen

Bilden Sie die Buchungssätze zu folgenden Geschäftsvorfällen und Abschlussangaben per 31.12. (Beträge in €):

1)	Gehaltsvorschuss bar	2.000,-
2)	Banküberweisung von Löhnen lt. Lohnliste:	
	Löhne, brutto	33.100,-
	Lohn-/Kirchensteuer	4.320,-
	Sozialversicherung Arbeitnehmeranteil	6.620,-
	Sozialversicherung Arbeitgeberanteil	6.620,-
3)	Bargeschenk anlässlich Dienstjubiläum	300,-
4)	Banküberweisung von Gehältern lt. Gehaltsliste:	
	Gehälter, brutto	8.750,-
	Lohn-/Kirchensteuer	1.410,-
	Sozialvers. Arbeitnehmeranteil	1.750,-
	Sozialvers. Arbeitgeberanteil	1.750,-
	Verrechnete Gehaltsvorschüsse	400,-
	Einbehaltene Mieten	1.300,-
5)	Banküberweisung der Lohn-/Kirchensteuer aus Fall 2 und 4	
6)	Passivierung der einbehaltenen Sozialversicherungsbeiträge	

Lösung im Lösungsteil

5.5 Systematik des Kontenabschlusses unter Einbeziehung von Unterkonten

Lernziele:
• *Kenntnis des buchungstechnischen Ablaufs bei einem vollständigen Geschäftsgang* • *Kenntnis der Systematik eines vollständigen Kontenabschlusses unter Einbeziehung verschiedener Unterkonten*

Bei der buchungstechnischen Abwicklung eines vollständigen Geschäftsgangs ist ein systematischer Ablauf einzuhalten. Dabei ist vom Beginn einer Abrechnungsperiode bis zum Abschluss des Geschäftsjahres eine bestimmte zeitliche Reihenfolge einzuhalten, die sich zum Teil aus dem Aufbau des IKR ergibt, zum Teil aus Zweckmäßigkeitserwägungen geboten erscheint:

(1) Eröffnung der Konten mit Übertragung der Anfangsbestände in die Bestandskonten

(2) Buchung der Buchungssätze zu den laufenden Geschäftsvorfällen des Jahres in den Konten

(3) Buchung des Abschlussangaben, d.h. der angegebenen Inventurbestände

- (bei Anwendung der indirekten Methode (Inventurmethode) zur Erfassung des Materialverbrauchs)
  Schlussbestände der RHB-Stoffe (Kontengruppe 20) jeweils
  801 an 200, 201 ...,
  danach Errechnung der Salden (Saldierung) der Konten der Kontengruppe 20 und Gegenbuchung der Salden in den zugehörigen Aufwandskonten, z.B.
  600 an 200
  601 an 201 usw.
- (zwecks Ermittlung der Erfolgswirkung der Bestandsveränderungen an UE und FE)
  Buchung der Schlussbestände UE und FE
  801 an 210
  801 an 220,
  danach Saldierung der Konten 210 und 220 und Gegenbuchung im Erfolgskonto 520

(4) Abschluss der aus Informationsgründen gebildeten Unterkonten zu den übergeordneten Konten und Gegenbuchung im übergeordneten Konto
2001(Bezugskosten) und 2002 (EPK) über das Konto 200
5001(Erlöskorrektur) über das Konto 500
3001 (Privat) über das Konto 300 (Eigenkapital)

(5) Verrechnung der Vorsteuer(forderung) mit der Umsatzsteuer(verbindlichkeit), d.h. im Regelfall
Konto 260 saldieren und abschließen über Konto 480

(6) Saldierung aller Aufwandskonten der Kontenklassen 6 und 7 sowie aller Ertragskonten der Kontenklasse 5 und Gegenbuchung in 802 GuV

802 an Klasse 6 und 7
Klasse 5 an 802

(7) Abschluss des Kontos 802 GuV über Konto 300 Eigenkapital

(8) Saldierung aller aktiven Bestandskonten der Kontenklassen 0, 1 und 2 sowie aller passiven Bestandskonten der Kontenklassen 3 und 4 und jeweils Gegenbuchung in Konto 801 SBK

801 SBK an Klasse 0, 1 und 2
Klasse 3 und 4 an 801 SBK

(9) Abstimmung der beiden Seiten des SBK, d.h. getrennte Addition der Sollseite und der Habenseite und Prüfung auf Übereinstimmung

Aufgabe A5/6:

Kontenplan und vorläufige Summenbilanz:

Die vorläufige Summenbilanz gibt die Summen der bis zu diesem Zeitpunkt im Soll bzw. Haben gebuchten Beträge (Anfangsbestände und Veränderungen durch Geschäftsvorfälle) wieder. (Alle Beträge in €)

		Soll	Haben
07	Maschinen	80.000,-	-
08	Geschäftsausstattung	25.000,-	-
2000	Rohstoffe	32.600,-	8.400,-
2001	Bezugskosten	1.500,-	-
210	Unfertige Erzeugnisse	4.100,-	-
220	Fertige Erzeugnisse	6.500,-	-
240	Forderungen	95.300,-	61.200,-
260	Vorsteuer	3.300,-	3.000,-
280	Bank	135.500,-	82.100,-
288	Kasse	12.300,-	8.100,-
3000	Eigenkapital	-	80.000,-
3001	Privatkonto	-	-
425	Bankdarlehen	-	40.000,-
440	Verbindlichkeiten	52.400,-	159.900,-
480	Umsatzsteuer	8.000,-	8.200,-
483	Verbindlichkeiten g. FA	6.600,-	13.900,-
484	Verbindlichkeiten g. Sozialvers.	14.700,-	14.700,-
5000	Umsatzerlöse	-	72.000,-
5001	Erlöskorrekturen	2.500,-	-
520	Bestandsveränderungen	-	-
576	Zinserträge	-	-
600	Rohstoffaufwendungen	8.400,-	-
63	Gehälter	52.000,-	-
64	Soziale Abgaben	10.200,-	-
680	Büromaterial	600,-	-
751	Zinsaufwendungen	-	-
802	GuV	-	-
801	SBK	-	-
		551.500,-	551.500,-

Geschäftsvorfälle:

1)	Kauf von Büromaterial gegen bar, netto	200,-
	+ USt	32,-
2)	Banküberweisung für Gehälter, brutto	16.000,-
	Abzüge (Lohnsteuer 3.550,-, Sozialvers. 3.200,-)	6.750,-
	netto	9.250,-
	Arbeitgeberanteil zur Sozialversicherung	3.200,-
3)	Kunden erhalten Bonus, netto	4.000,-
	+ USt	640,-
4)	Banküberweisung der Lohnsteuer	7.300,-
5)	Kauf von Rohstoffen auf Ziel, netto	14.000,-
	+ USt	2.240,-
6)	Bank belastet uns mit Darlehenszinsen	100,-
7)	Privatentnahme, bar	800,-
8)	Zielverkauf von Fertigerzeugnisse, netto	40.000,-
	+ USt	6.400,-
9)	Banklastschrift für Darlehenstilgung	4.600,-
10)	Rohstoffverbrauch lt. Materialentnahmeschein	5.100,-

Abschlussangaben:

Schlussbestand lt. Inventur:	Unfertige Erzeugnisse	2.200,-
	Fertigerzeugnisse	6.400,-

Die Zahllast ist zu passivieren.

Lösung im Lösungsteil

Aufgabe A5/7:

Kontenplan und vorläufige Summenbilanz:

		Soll	Haben
05	Grundstücke	120.000,-	-
07	Maschinen	132.000,-	-
08	Geschäftsausstattung	46.000,-	-
2000	Rohstoffe	86.000,-	67.000,-
2001	Bezugskosten	5.400,-	-
202	Hilfsstoffe	12.000,-	9.500,-
210	Unfertige Erzeugnisse	5.500,-	-
220	Fertige Erzeugnisse	17.000,-	-
240	Forderungen	113.600,-	98.900,-
260	Vorsteuer	10.500,-	8.000,-
265	Forderungen an Mitarbeiter	3.000,-	2.000,-
280	Bank	102.500,-	89.300,-
288	Kasse	18.600,-	16.200,-
3000	Eigenkapital	-	270.000,-
3001	Privat	4.600,-	-
43	Erhaltene Anzahlungen	-	-
440	Verbindlichkeiten	79.190,-	109.040,-
480	Umsatzsteuer	12.000,-	28.000,-
483	Verbindlichkeiten g. Finanzamt	1.200,-	1.200,-
484	Verbindlichkeiten g. Sozialversicherung	2.300,-	2.300,-
5000	Umsatzerlöse	2.600,-	280.000,-
5001	Erlöskorrektur	3.000,-	-
52	Bestandsveränderungen	-	-
540	Mieterträge	-	14.800,-
600	Rohstoffaufwendungen	57.000,-	-
602	Hilfsstoffaufwendungen	9.500,-	-
62	Löhne	42.000,-	-
63	Gehälter	55.000,-	-
64	Soziale Abgaben	22.500,-	-
670	Mietaufwendungen	15.280,-	-
680	Büromaterial	2.500,-	-
751	Zinsaufwendungen	8.670,-	-
770	Gewerbesteuer	6.800,-	-
802	GuV	-	-
801	SBK	-	-
		996.240,-	996.240,-

Geschäftsvorfälle:

1)	Kauf von Rohstoffen auf Ziel, netto	18.200,-
	+ Umsatzsteuer	2.912,-

2)	Eingangsfracht hierauf bar, netto	300,-
	+ USt.	48,-
3)	Ein Angestellter erhält einen Gehaltsvorschuss bar	1.000,-
4)	Barkauf von Büromaterial, netto	75,-
	+ USt.	12,-
5)	Nach Vereinbarung mit dem Lieferanten (Fall 1) senden wir falsch gelieferte Rohstoffe im Wert von netto zurück.	2.100,-
6)	Rohstoffverbrauch lt. Materialentnahmeschein	1.670,-
7)	Banklastschrift wegen fälliger Darlehenszinsen	890,-
8)	Zielverkauf von Fertigerzeugnissen, netto	14.000,-
	+ USt.	2.240,-
9)	Bankgutschrift für erhaltene Anzahlung (zu Fall 8) ohne gesonderten USt-Ausweis	5.000,-
10)	Banküberweisung für Fertigungslöhne, brutto	12.200,-
	Abzüge für Lohnsteuer	2.080,-
	Abzüge für Sozialversicherung	2.440,-
	Verrechnung der Miete für Werkswohnung	600,-
	Arbeitgeberanteil zur Sozialversicherung	2.440,-
11)	Banküberweisung für Gewerbesteuer	1.300,-
	für Einkommensteuer-Vorauszahlung	4.600,-
	für Miete für Geschäftsräume	1.760,-
	für Prämie für private Lebensversicherung	390,-
12)	Kunde zahlt durch Banküberweisung die Rechnung zu Fall 8 unter Verrechnung der geleisteten Anzahlung (Fall 9) abzüglich 3% Skonto auf den Gesamtbetrag	
13)	Bargeldlose Gehaltszahlung, brutto	9.650,-
	Abzüge für Steuer u. Sozialversicherung	4.080,-
	Vorschuss-Verrechnung	500,-
	Arbeitgeberanteil zur Sozialversicherung	1.720,-
14)	Ausgleich der Rechnung (Fall 1 u. Fall 5) durch Banküberweisung	
15)	Banküberweisung der noch abzuführenden Lohnsteuer- und Sozialversicherungsabgaben	

Abschlussangaben:

Schlussbestand lt. Inventur:	UE	11.300,-
	FE	15.700,-

Die Zahllast ist zu passivieren.

Lösung im Lösungsteil

6. Kapitel: Der Jahresabschluss in der Buchhaltung

6.1 Das Problem einer periodengerechten Erfolgsabgrenzung

Lernziele:
• *Einsicht in die Notwendigkeit einer periodengerechten Erfolgsabgrenzung*

Der wirtschaftliche Erfolg in der Totalperiode in einer Unternehmung (d.h. von deren Gründung bis zur Liquidation) wäre relativ einfach und exakt zu ermitteln. Er ergäbe sich aus der bestandsmäßigen Veränderung des Eigenkapitals innerhalb des Zeitraums der Unternehmensexistenz. Da jedoch unser Wirtschafts- und Steuersystem auf Jahresperioden abstellt, muss auch der Unternehmenserfolg im jährlichen Rhythmus ermittelt werden. (Betriebsinterne Bedürfnisse erfordern im allgemeinen sogar eine kürzerfristige, z.B. monatliche Erfolgsrechnung.)

Um die Messung des Erfolgs einer weitgehenden Manipulationsmöglichkeit zu entziehen, müssen die Bestimmungsfaktoren des Erfolgs, die Aufwendungen und Erträge, den sie verursachenden Rechnungsperioden zugerechnet werden. Da jedoch eine exakte Zuordnung in vielen Fällen überhaupt nicht oder zum Abrechnungszeitpunkt noch nicht möglich ist, muss die zeitliche Zuordnung des verursachenden Werteverzehrs und –zuflusses unter bestimmten Prämissen erfolgen oder geschätzt werden. Um den wirtschaftlichen Erfolg dennoch mit einer zufriedenstellenden Genauigkeit zeitlich abgrenzen zu können, müssen in der Buchhaltung Maßnahmen zum Jahresabschluss ergriffen werden, die in den folgenden Abschnitten behandelt werden.

6.2 Abschreibungen und Wertberichtigungen auf Anlagen

6.2.1 Abschreibungen als aufwandsgemäße Verrechnung der Anschaffungs- oder Herstellungskosten von Anlagevermögenswerten

Lernziele:
• *Einsicht in die Notwendigkeit der unterschiedlichen aufwandsgemäßen Verrechnung von Anlagegütern mit differierender Nutzungsdauer* • *Fähigkeit zur Erläuterung des Abschreibungsbegriffes* • *Fähigkeit zur Buchung von direkten Abschreibungen auf Anlagen* • *Kenntnis der Bedeutung des Beschaffungszeitpunktes innerhalb eines Jahres für die Bemessung der Abschreibungshöhe*

Ausgangspunkt der Betrachtung sei folgendes **Beispiel:**

Für die Erledigung der Schreibarbeiten im Betrieb werden zu Beginn eines Jahres gegen Barzahlung gekauft

1) ein Computer zum Nettopreis von € 3.000,- + USt.,
2) Bürobedarfsartikel (Bleistifte, Schreibpapier u.ä.m.) zum Nettopreis von € 100,- + USt.

Die **Buchungen** lauten bekanntermaßen:

1)	08	Geschäftsausstattung	3.000,-	288	Kasse	3.480,-
	260	Vorsteuer	480.-			
2)	680	Büroaufwendg.	100,-	288	Kasse	116,-
	260	Vorsteuer	16,-			

Diese Buchungen haben beim Jahresabschluss unterschiedliche Wirkungen:

1)

S	08 GA		H
288	3.000,-	Saldo →	

S	801 SBK		H
GA	3.000.-		

Wirkung: Vermögensmehrung

2)

S	680 Büroaufwendungen		H
288	100,-	Saldo →	

S	802 GuV		H
Büroaufw.	100,-		

Wirkung: Erfolgs- (Eigenkapital-)minderung

Wie erklärt sich die unterschiedliche buchhalterische Behandlung, obwohl beide Käufe dem gleichen Zweck, nämlich der Erledigung von Schreibarbeiten, dienen? Warum wird der Computer als Gegenstand des Anlagevermögens aktiviert, die Schreibartikel dagegen sogleich als Aufwand eigenkapitalmindernd gebucht?

Dem Bilanz- und Erfolgsausweis einer Unternehmung liegt ein jährlicher Rhythmus zugrunde; er erfolgt jeweils zum Ende eines Geschäftsjahres. Die Schreibartikel sind – so kann unterstellt werden – am Ende des Beschaffungsjahres in vollem Umfang verbraucht; ihre Nutzungsdauer reicht nicht über mehrere Geschäftsjahre hinweg. Die verbrauchten Schreibartikel stellen somit in der Abrechnungsperiode einen Werteverzehr dar, der – wie bereits bekannt – als Aufwand eigenkapitalmindernd zu buchen ist.

Der Computer bietet demgegenüber eine mehrjährige Gebrauchsmöglichkeit. Wenn man eine Gesamtlebensdauer von drei Jahren unterstellt, wird er am Ende des Beschaffungsjahres noch für weiter zwei Jahre nutzungsfähig sein. Er beinhaltet beim Erwerb ein Nutzungspotenzial für einen Zeitraum von insgesamt drei Jahren, von dem Jahr für Jahr nur jeweils 1/3 verzehrt wird. Somit beträgt der Werteverzehr im Jahr der Beschaffung lediglich 1/3 der Anschaffungskosten = € 1.000,-; dieser ist als Aufwand erfolgswirksam zu buchen.

Würde der Computer beim Kauf in voller Höhe als Büroaufwand gebucht werden, würde dies nicht nur den tatsächlichen Nutzungsgegebenheiten widersprechen; vielmehr würde die Erfolgsrechnung im Beschaffungsjahr mit den vollen Anschaffungskosten belastet werden, also der Gewinn stark gemindert werden, während in den nachfolgenden zwei Nutzungsjahren die Erfolgsrechnung trotz eines fortschreitenden Werteverzehrs unbeeinflusst bliebe. Wäre eine solche Buchung zulässig, würde jeder Kaufmann – unter der Voraussetzung entsprechenden Liquiditätsspielraums – die Möglichkeit haben, durch Erwerb von Anlagegütern (z.B. eines Gebäudes) kurz vor Jahresende seinen gesamten Jahresgewinn nach Belieben herunterzumanipulieren, um seine Ertragssteuerschuld zu mindern oder um die Ausschüttungserwartung gewinnanteilberechtigter Gesellschafter zu dämpfen.

Ein jährlich vorgeschriebener Erfolgsausweis kann seinem Sinn nur dann gerecht werden, wenn er periodengerecht ist, d.h. wenn er nur solche Aufwendungen und Erträge berücksichtigt, deren zugrunde liegender Werteverzehr bzw. Wertezufluss tatsächlich im Abrechnungsjahr verursacht worden ist. Deshalb muss der Werteverzehr eines Anlagegutes sowohl aus Gründen eines zeitraumadäquaten Erfolgsausweises als auch unter Beachtung der tatsächlichen Nutzungsgegebenheiten auch buchhalterisch auf seinen gesamten Nutzungszeitraum verteilt werden, gegebenenfalls also über viele Jahre.

Dem trägt man in der Weise Rechnung, dass beim Erwerb eine Aktivierung in voller Höhe der Anschaffungskosten (bzw. bei Eigenfertigung der entsprechenden Herstellungskosten) erfolgt und am Ende eines jeden Geschäftsjahres nur jeweils der im abgelaufenen Jahr verzehrte Wertanteil einerseits als Aufwand im Konto

„65 Abschreibungen“ gebucht und andererseits dem aktiven Bestandskonto wertmäßig entnommen wird.

Buchung am Ende des Jahres:

65	Abschreibungen	1.000,-	08	Geschäftsausstattung (GA)	1.000,-

Das Abschreibungskonto wird als Aufwandskonto über das GuV-Konto abgeschlossen; die Buchung im aktiven Bestandskonto wirkt sich vermögensmindernd im SBK aus.

S	65 Abschreibungen		H
08	1.000,-	GuV	1.000

→

S	802 GuV		H
Abschr.	1.000,-		

S	08 GA		H
AB	3.000,-	65	1.000,-
		SBK	2.000,-

→

S	801 SBK		H
GA	2.000,-		

Die Beschaffungszeitpunkte der Anlagegüter im Laufe eines Geschäftsjahres werden entweder endogen durch produktions- und absatztechnische Anforderungen oder andere innerbetrieblich begründete Zwänge bestimmt oder aber exogen durch Lieferfristen, bisweilen auch durch Zufälligkeiten beeinflusst. Diese unterschiedlichen Einflussfaktoren führen dazu, dass sich die Beschaffungszeitpunkte der Anlagegüter im allgemeinen über das gesamte Geschäftsjahr verteilen. Demzufolge kann die Nutzungszeit der Anlagen im Jahr der Beschaffung zwischen 1 und 365 Tage liegen, so dass der abschreibungsfähige Werteverzehr jeweils nur für einen bestimmten Bruchteil des Jahres („pro rata temporis“) in Ansatz zu bringen wäre.

Aus Vereinfachungsgründen wird jedoch – in Übereinstimmung mit der steuerlichen Regelung für bewegliche Anlagegüter (Abschnitt 44 Abs. 2 Satz 2 EStR) – bei Anschaffung oder Herstellung in der **ersten** Jahreshälfte die **volle** Jahresabschreibung und bei einem Beschaffungszeitpunkt in der **zweiten** Jahreshälfte die **halbe** Jahresabschreibung abgezogen. (Sonderregelungen für Immobilien bleiben hier unberücksichtigt.)

Bei Beschaffungszeitpunkt

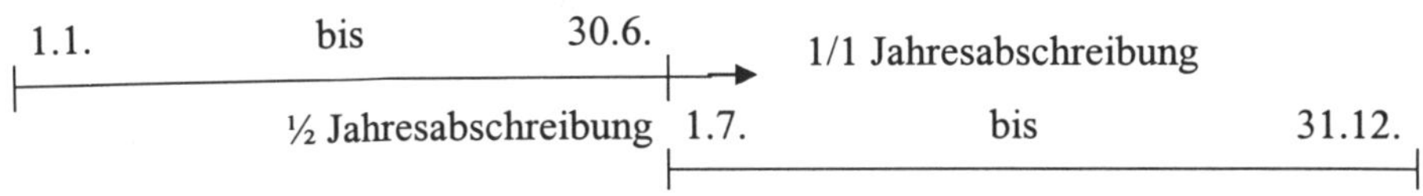

6.2.2 Die aufwandsgemäße Verrechnung „Geringwertiger Wirtschaftsgüter“ (GWG)

Lernziele:
• *Kenntnis des Begriffs „Geringwertige Wirtschaftsgüter“ und seiner buchhalterische Bedeutung*

Die Begründung für die Notwendigkeit der Abschreibungen als aufwandsgemäße Verrechnung der Anschaffungskosten über die gesamte (mehrjährige) Nutzungsdauer zwecks zeitlich exakter Abgrenzung der Erfolge verliert erheblich an Gewicht, wenn die Anschaffungskosten geringfügig sind. Eine sofortige Aufwandsbuchung geringer Anschaffungskosten (etwa eines mehrjährig zu nutzenden Lineals) würde den Erfolgsausweis nur unwesentlich beeinflussen, zugleich jedoch zweckmäßiger sein, um die jährliche Buchung von Kleinstbeträgen für Abschreibungen zu vermeiden.

Aus diesem Grunde werden abnutzbare bewegliche Wirtschaftsgüter des **Anlage**vermögens, deren Anschaffungskosten € 60,- nicht übersteigen, nicht aktiviert, also auch nicht als Abschreibungen über die Nutzungsdauer aufwandsmäßig verrechnet, sondern sogleich in voller Höhe als Aufwand gebucht.

Auch Anlagegüter mit Anschaffungskosten von über € 60,-, die jedoch € 410,- nicht übersteigen, genießen als sog. Geringwertige Wirtschaftsgüter (GWG) wegen ihrer Geringwertigkeit eine Sonderbehandlungsmöglichkeit. Sie müssen zwar als Vermögenszugang ausgewiesen werden; aber es besteht die Wahlmöglichkeit, die Abschreibungen entweder über die gesamte Nutzungsdauer zu verteilen oder sie in voller Höhe der Anschaffungskosten bereits im Beschaffungsjahr vorzunehmen. Im letzteren Falle würde das Anlagegut zwar nicht mehr als Schlussbestand in der Bilanz erfasst werden, aber im sogenannten Anlagespiegel der Bilanz von Kapitalgesellschaften würde es einerseits in der Zugangsspalte und andererseits in der Abschreibungsspalte in gleicher Höhe ausgewiesen und somit in der Bilanz sichtbaren Ausdruck finden.

Voraussetzung für die volle Abschreibung im Beschaffungsjahr ist, dass das abzuschreibende abnutzbare Wirtschaftsgut einer selbständigen Nutzung fähig ist und nicht etwa nach seiner betrieblichen Zweckbestimmung nur zusammen mit anderen Anlagegütern genutzt werden kann. Durch diese Einschränkung wird ausgeschlossen, dass z.B. auf eine angeschaffte Maschine, die rechnungs- und buchungsmäßig in zahlreiche Einzelteile von jeweils maximal € 410 Wert zerlegt wird, die gleichen Abschreibungsvorteile angewendet werden können.

Das Wahlrecht bei der aufwandsgemäßen Verrechnung von GWG geht als Vereinfachungsregel – obwohl handelsrechtlich nicht kodifiziert – auf kaufmännische Gewohnheiten zurück, ist jedoch ausdrücklich auch für die steuerliche Gewinnermittlung anwendbar (§ 6 Abs. 2 EStG, Abschnitte 31 Abs. 3 und 40 EStR) und daher durch das sog. umgekehrte Maßgeblichkeitsprinzip gedeckt (vgl. Teil B: Bilanzierung).

6.2.3 Abschreibungsplan und Abschreibungsmethoden

Lernziele:
• *Fähigkeit zur Unterscheidung zwischen planmäßigen und außerplanmäßigen Abschreibungen* • *Einsicht in die Notwendigkeit zur Aufstellung eines Abschreibungsplans* • *Kenntnis der Bestimmungsfaktoren eines Abschreibungsplans* • *Fähigkeit zur inhaltlichen Erläuterung der Begriffe „AfA-Tabelle" und* • *„betriebsgewöhnliche Nutzungsdauer"* • *Fähigkeit zur Erläuterung üblicher wertmindernder Einflussfaktoren für Anlagegüter* • *Fähigkeit zur Ermittlung von jährlichem Abschreibungsbetrag und Abschreibungssatz bei linearer Abschreibungsmethode* • *Beherrschen der Aufstellung eines Abschreibungsplans nach linearer Methode* • *Fähigkeit zur Ableitung des jährlichen Abschreibungssatzes bei geometrisch-degressiver Methode* • *Beherrschen der Aufstellung eines Abschreibungsplans nach geometrisch-degressiver Methode* • *Einsicht in die Zweckmäßigkeit der Begrenzung der degressiven Abschreibungssätze* • *Einsicht in die Vorteilhaftigkeit des Methodenwechsels und Fähigkeit zur Bestimmung des optimalen Zeitpunktes* • *Beherrschen der Aufstellung eines Abschreibungsplans nach arithmetisch-degressiver Methode* • *Kenntnis weiterer Abschreibungsmethoden* • *Fähigkeit zur Anwendung der Abschreibung nach Leistungseinheiten* • *Kenntnis der buchhalterischen Bedeutung des Erinnerungswertes* • *Fähigkeit zur Beurteilung der bilanzpolitischen Wirkung unterschiedlicher Abschreibungsmethoden* • *Fähigkeit zur Aufstellung von Abschreibungsplänen nach verschiedenen Methoden einschließlich Methodenwechsel* • *Fähigkeit zur graphischen Darstellung der Wertverläufe bei unterschiedlichen Abschreibungsmethoden*

Abschreibungen auf abnutzbare Gegenstände des Anlagevermögens beruhen auf der Vorstellung, dass diese infolge einer betriebszweckorientierten Nutzung im Zeitablauf an Wert verlieren und dieser Werteverzehr aufwandsgemäß, also erfolgsmindernd, verrechnet werden muss.

Unabhängig von einer **tatsächlichen** Wertminderung verlangt jedoch das Gesetz (§ 253 Abs. 2 HGB), dass bei **allen** zeitlich begrenzt nutzbaren Vermögensgegenständen die Anschaffungs- oder Herstellungskosten um **planmäßige** Abschreibungen zu vermindern sind. Hierzu ist ein **Abschreibungsplan** aufzustellen. Insofern ist zwar die Notwendigkeit von Abschreibungen als solche vorhersehbar, in ihrer tatsächlich erforderlichen Höhe jedoch nicht exakt bestimmbar, weil Nutzungsdauer und Wertminderung ex ante nur unter Unsicherheit zu schätzen sind. Unter der Prämisse, dass die diesbezüglichen Erwartungswerte eintreten, lässt sich jedoch ein bestimmter Wertminderungsverlauf prognostizieren, der die Grundlage für die jährliche planmäßige Abschreibung bildet.

Darüber hinaus kann der Wert eines Anlagegutes (egal, ob dessen Nutzung zeitlich begrenzt ist oder nicht, wie z.B. bei Grundstücken oder Finanzanlagen) durch unerwartete Ereignisse beeinflusst werden, die nicht vorhersehbar sind und deshalb auch nicht ex ante in planmäßige Abschreibungen umgesetzt werden können. Denkbar sind z.B. Veränderungen am Absatz- und/oder Wiederbeschaffungsmarkt, Produktionsumstellung oder Ereignisse am Objekt selbst, wie Brandschäden an Gebäuden oder Unfallschäden an Kraftfahrzeugen. Derartige Umstände können dazu führen, dass dem Vermögensgegenstand am Abschlussstichtag ein **niedrigerer Wert beizulegen** ist, als es dem Abschreibungsplan entspricht. Dann **kann oder** (im Falle voraussichtlich dauernder Wertminderung) **muss** der „planmäßige" Buchwert durch zusätzliche **„außerplanmäßige"** Abschreibungen auf den niedrigeren Wert herabgesetzt werden (§ 253 Abs. 2 Satz 3 HGB).

Da sich planmäßige und außerplanmäßige Abschreibungen jedoch weder in ihrer Buchungstechnik noch in ihrer Bilanz- und Erfolgswirkung grundsätzlich unterscheiden, kann in den weiteren Ausführungen zunächst auf eine Differenzierung verzichtet werden. Erst im Zusammenhang mit dem Bewertungsproblem ist eine differenzierte Behandlung sinnvoll und notwendig (vgl. Teil B: Bilanzierung).

Beim Zugang eines abschreibungsfähigen Anlagegutes ist ein **Abschreibungsplan** für das Objekt zu erstellen. Dabei sind die voraussichtliche **Nutzungsdauer** und die **Wertentwicklung innerhalb der Nutzungszeit** zu berücksichtigen.

Die **Nutzungsdauer** umfasst gemäß § 253 Abs. 2 HGB „die Geschäftsjahre, in denen der Gegenstand voraussichtlich genutzt werden kann". Damit ist die tatsächliche Nutzungsdauer im Unternehmen gemeint, die sog. **wirtschaftliche** Nutzungsdauer. Diese stellt auf den Zeitraum ab, in dem eine Nutzung der Anlage unter Berücksichtigung der betrieblichen Gegebenheiten wirtschaftlich sinnvoll erscheint. Sie kann z.B. infolge technischen Fortschritts oder infolge innerbetrieblicher produktionstechnischer Umstellungen kürzer sein als die **technische** Nutzungsdauer. Da die wirtschaftliche Nutzungsdauer im Zeitpunkt der Beschaffung ungewiss ist, kann sie lediglich auf der Grundlage betrieblicher Erfahrungen geschätzt werden.

Da die angesetzte wirtschaftliche Nutzungsdauer die Höhe der jährlichen Abschreibungsbeträge bestimmt und damit zugleich den zu versteuernden Gewinn beeinflusst, ist die Nutzungsdauer auch Gegenstand steuerrechtlicher Regelungen. Das Steuerrecht verwendet in diesem Zusammenhang den Begriff der **„betriebsgewöhnlichen"** Nutzungsdauer (§ 7 Abs. 1 EStG).

Die betriebsgewöhnliche Nutzungsdauer geht von dem Zeitraum aus, in dem sich das Wirtschaftsgut unter üblichen betrieblichen Bedingungen technisch abnutzt. Diese kann von der tatsächlichen betriebsindividuellen Nutzungsdauer erheblich abweichen, z.B. wenn ein Betrieb, wie bei Kraftfahrzeugen häufig praktiziert, den Anlagegegenstand bereits nach kurzer Nutzungsdauer durch einen neuen zu ersetzen pflegt.

Auch die steuerlich wirksame betriebsgewöhnliche Nutzungsdauer ist nicht objektiv bestimmbar. Um den deshalb zwischen den Steuerpflichtigen und der Finanzverwaltung zu erwartenden strittigen Diskussionen um die ansatzfähige Nutzungsdauer die Grundlage zu entziehen, hat die Finanzverwaltung (unter Mitwirkung der Wirtschaftsverbände) die betriebsgewöhnliche Nutzungsdauer in sog. **AfA-Tabellen** (AfA = Absetzung für Abnutzung) zusammengestellt. Die darin festgeschriebene Nutzungsdauer beruht auf Erfahrungen der Behörden aus steuerlichen Betriebsprüfungen und gilt als Anhaltspunkt für die Beurteilung der angemessenen Abschreibungshöhe.

In einer „AfA-Tabelle für die allgemein verwendbaren Anlagegüter“ ist die betriebsgewöhnliche Nutzungsdauer solcher Anlagegüter zusammengestellt, deren Nutzung nicht von branchenspezifischen Besonderheiten geprägt wird. Branchengebundene Sonderheiten der Nutzung werden in branchengebundenen AfA-Tabellen berücksichtigt, deren Anwendung im Zweifel Vorrang hat..

Im Zusammenhang mit der Unternehmenssteuerreform wurde auch die AfA-Tabelle überarbeitet. Sie gilt für Anlagegüter, die nach dem 31.12.2000 angeschafft oder hergestellt worden sind. Darin wurden Erfahrungen über Veränderungen der technischen Nutzungsfähigkeit berücksichtigt. Im Ergebnis führt dies im Vergleich zur bisherigen Regelung für fast alle Anlagegüter zu einer erheblichen Verlängerung der betriebsgewöhnlichen Nutzungsdauer (z.B. bei Omnibussen von sechs auf neun Jahre). Eine Verkürzung ist lediglich bei Personalcomputern, Notebooks und deren Peripheriegeräten (von vier auf drei Jahre) eingetreten.

Auszug aus der AfA-Tabelle für die allgemein verwendbaren Anlagegüter (anzuwenden bei Anschaffung oder Herstellung **nach dem 31.12.2000**):

Lfd. Nr.	**Anlagegüter**	**ND in Jahren**
1	**Unbewegliches Anlagevermögen**	
1.1	Hallen in Leichtbauweise (z.B. Holz, Blech o.ä.)	14
1.2	Tennishallen	20
1.7	Bierzelte	8
1.9.1	Silobauten aus Beton	33
2	**Grundstückseinrichtungen**	
2.2.1	Brücken aus Stahl und Beton	33
2.2.2	Brücken aus Holz	15
2.3.1	Umzäunungen aus Holz	5
2.4	Außenbeleuchtung, Straßenbeleuchtung	19
2.7.3	Kläranlagen	20
2.8	Grünanlagen	15
2.9	Golfplätze	20
3	**Betriebsanlagen allgemeiner Art**	
3.1.5	Windkraftanlagen	16
3.1.6	Photovoltaikanlagen	20
3.4.	Transportbänder	14
3.4.4.2	Gerüste, mobil	11
3.7	Ladeneinbauten, Gaststätteneinbauten	8
4	**Fahrzeuge**	
4.1	Schienenfahrzeuge	25
4.2.1	Personenkraftwagen und Kombiwagen	6
4.2.2	Motorräder, Motorroller, Fahrräder u.ä.	7
4.2.3	Lastkraftwagen, Sattelschlepper, Kipper	9
4.2.6	Anhänger, Auflieger, Wechselaufbauten	11
4.2.7	Omnibusse	9
4.2.8.1	Feuerwehrfahrzeuge	10
4.2.8.2	Rettungsfahrzeuge, Krankentransportfahrzeuge	6
4.3.2	Hubschrauber	19
4.3.3	Heißluftballone	5
4.4.1	Barkassen	20
5	**Bearbeitungs- und Verarbeitungsmaschinen**	
5.6	Drehbänke	16
5.22	Abfüllanlagen	10
6	**Betriebs- und Geschäftsausstattung**	
6.1	Wirtschaftsgüter der Labor- und Lagereinrichtungen	14
6.2	Wirtschaftsgüter der Ladeneinrichtungen	8
6.13.1	Fernsprechnebenstellenanlagen	10
6.13.2.2	Mobilfunkendgeräte	5
6.13.3	Faxgeräte	6
6.14.3.1	Datenverarbeitungsanlagen / Großrechner	7
6.14.3.2	PCs, Notebooks, Drucker, Scanner, Bildschirme u.ä.	3
6.14.4	Foto-, Film-, Video- und Audiogeräte	7

6.14.7	Registrierkassen	6
6.15	Büromöbel	13
6.19.2	Panzerschränke, Tresore	23
7	**Sonstige Anlagegüter**	
7.2.10	Waschmaschinen	10
7.4.3	Zigarettenautomaten	8
7.10	Rasenmäher	6

Der zweite Bestimmungsfaktor für die Abschreibungshöhe eines Anlagegutes ist neben seiner Nutzungsdauer die **wertmäßige Entwicklung im Verlauf seiner Nutzungszeit.** Diese ist von verschiedenen Einflussgrößen abhängig, die einzeln oder gemeinsam wirksam werden können. Wertmindernde Faktoren, die sich in planmäßigen oder außerplanmäßigen Abschreibungen niederschlagen, sind insbesondere

- die Nutzungsintensität und der darauf beruhende technische Verschleiß (Beispiel: Die restliche Lebensdauer eines Kraftfahrzeuges vermindert sich kontinuierlich als Folge der zeitlich begrenzten Funktionsfähigkeit von Verschleißteilen oder als Folge zunehmender Korrosion.);
- der technische Fortschritt
  (Beispiel: Auf dem Markt wird eine weiterentwickelte Maschine mit höherer Leistungsfähigkeit oder besserer Kosten-Nutzen-Relation angeboten.);
- Substanzverlust durch Abbau
  (Beispiel: Die verwendungsfähigen Vorräte in einer Kiesgrube erschöpfen sich allmählich durch Abbau.);
- Zeitablauf
  (Beispiel: Zeitlich begrenzt wirksame gewerbliche Schutzrechte (Patente, Lizenzen oder ähnliches) verlieren durch das Herannahen des Fristablaufs an Wert.);
- Mode- oder Geschmackswechsel
  (Beispiel: Ein Kraftfahrzeug verliert an Wert, weil das Nachfolgemodell dieses Autotyps in Anpassung an den allgemeinen Modetrend im Design erheblich verändert wird.)
- Verminderung der wirtschaftlichen Gebrauchsfähigkeit
  (Beispiel: Infolge Umstellung der Produktion kann eine Fertigungsmaschine nur noch in verringertem Umfang eingesetzt werden.).

Ist ein Wirtschaftsgut frei von derartigen wertmindernden Einflüssen, können keine Abschreibungen vorgenommen werden. So sind z.B. unbebaute Grundstücke grundsätzlich (Ausnahme z.B. bei Substanzverlust oder Versumpfung) nicht abschreibungsfähig und bebaute Grundstücke nur insoweit, wie es die Wertminderung der Bebauung betrifft.

Da die genannten wertmindernden Faktoren während der Nutzungsdauer mit unterschiedlichem Gewicht wirksam werden können, erfolgt der Werteverzehr nicht immer gleichmäßig. Dieser Umstand hat Anlass dazu gegeben, nach **planmäßigen Abschreibungsmethoden** zu suchen, die der Wertentwicklung möglichst adäquat sind.

Lineare Abschreibung

Die einfachste Abschreibungsmethode ist die sog. **lineare Abschreibung.** Sie geht von einer gleichbleibenden Nutzungsintensität und dementsprechend von einer kontinuierlichen Wertminderung aus. Demzufolge wird der gesamte Abschreibungsbedarf gleichmäßig auf die Jahre der Nutzung verteilt. Der jährlich abzuschreibende Betrag wird als gleichbleibender Prozentsatz der ursprünglichen Anschaffungskosten (AK) bzw. Herstellungskosten (HK) ermittelt.

Für die lineare Abschreibung ergibt sich somit:

$$\text{jährlicher Abschreibungsbetrag in €} = \frac{\text{AK/HK}}{\text{ND i. J.}}$$

$$\text{jährlicher Abschreibungssatz in \%} = \frac{100}{\text{ND i. J.}}$$

Der Abschreibungsbetrag wird am Jahresende vom jeweiligen Restwert (Buchwert) RW_t abgezogen, woraus sich der neue Restwert RW_{t+1} ergibt. Als Restwert oder Buchwert wird der aktuelle Wert bezeichnet, mit dem die Anlage zu einem bestimmten Zeitpunkt in den Büchern steht.

Der maximale Abschreibungsbedarf ist durch die Höhe der aktivierten Anschaffungskosten/Herstellungskosten determiniert. Wenn das Wirtschaftsgut jedoch nach Ablauf der planmäßigen Nutzungsdauer über einen Wiederveräußerungswert verfügt, kann sich der insgesamt zu verteilende Abschreibungsbedarf um diesen Restwert verringern. Die Berücksichtigung eines Restwertes setzt jedoch voraus, dass dieser von erheblicher Höhe ist (z.B. Schrottwert eines Schiffes) oder hinreichend bestimmbar ist (z.B. wenn bereits bei Anschaffung ein Vertrag über späteren Verkauf vorliegt). Bei geringfügigem Schrottwert oder bei großer Unsicherheit hinsichtlich der Restwertgröße wird man jedoch im Abschreibungsplan von einer Vollabschreibung ausgehen und einen eventuellen Wiederveräußerungswert erst bei Realisierung buchhalterisch berücksichtigen, indem die zuvor vorgenommene Abschreibung gegebenenfalls durch Buchung außerordentlicher Erträge korrigiert wird.

Unter Berücksichtigung eines Schrottwertes ergibt sich:

$$\text{jährlicher Abschreibungsbetrag in €} = \frac{\text{AK} - \text{Schrottwert}}{\text{ND i. J.}}$$

$$\text{jährlicher Abschreibungssatz in \%} = \frac{100}{\text{ND i. J.}}$$

Beispiele für lineare Abschreibung eines Wirtschaftsgutes:

	Beispiel 1: ohne Schrottwert	**Beispiel 2:** mit Schrottwert
AK	€ 40.000	€ 40.000
Schrottwert	-	€ 4.000
Nutzungsdauer	8 Jahre	8 Jahre
AfA-Satz	12,5%	12,5%
AfA-Betrag p.a.	$\frac{40.000}{8}$ = € 5.000	$\frac{40.000 - 4.000}{8}$ = € 4.500

	lineare Abschreibg.	Restwert	lineare Abschreibg	Restwert
AK	-	40.000	-	40.000
Ende 1.J.	5.000	35.000	4.500	35.500
2.J.	5.000	30.000	4.500	31.000
3.J.	5.000	25.000	4.500	26.500
4.J.	5.000	20.000	4.500	22.000
5.J.	5.000	15.000	4.500	17.500
6.J.	5.000	10.000	4.500	13.000
7.J.	5.000	5.000	4.500	8.500
8.J.	5.000	0	4.500	4.000 (= Schrott-wert)

Degressive Abschreibung

Viele Güter des Anlagevermögens verlieren in der Anfangsphase stärker an Wert als gegen Ende der Nutzung, z.B. wegen größerer Bedeutung des technischen Fortschritts oder weil die Reparaturaufwendungen mit fortschreitender Nutzungsdauer erheblich zunehmen. Einem solchen Wertminderungsverlauf sind **degressive** Abschreibungsmethoden angemessen. Zu unterscheiden sind geometrisch-degressive und arithmetisch-degressive Abschreibungen.

Die **geometrisch-degressive Abschreibung (Buchwertabschreibung)** trägt der im Zeitverlauf abnehmenden Wertminderung dadurch Rechnung, dass ein über die gesamte Laufzeit gleichbleibender Prozentsatz nicht von den ursprünglichen Anschaffungskosten, sondern von dem jeweiligen Buchwert abgeschrieben wird. Dadurch bekommt die Reihe der Buchwerte den Verlauf einer geometrisch-degressiven Zahlenreihe. Sie kann nie zu dem Wert Null führen, weil auch in der letzten Abschreibungsperiode weniger als 100% des letzten Restbuchwertes abgeschrieben wird. Deshalb ist diese Methode **durchgängig** nur anwendbar, wenn man am Ende der Nutzungsdauer einen nennenswerten Schrottwert als Abschreibungsziel zugrunde legen kann.

Da die degressive Abschreibung jeweils vom Buchwert vorgenommen wird, muss sie nicht – wie die lineare Abschreibung – für jedes Wirtschaftsgut einzeln berechnet werden, sondern Objekte, bei denen Anschaffungskosten, Schrottwert und Nutzungsdauer gleich sind und deshalb der gleiche Abschreibungssatz anzusetzen ist, können zu Gruppen zusammengefasst und gemeinsam abgeschrieben werden, auch wenn ihre Anschaffungszeitpunkte und folglich ihre gegenwärtigen Buchwerte unterschiedlich sind.

Der jährliche Abschreibungssatz p ergibt sich aus folgender Rechnung: Wenn jährlich $\frac{p}{100}$ des jährlichen Restwertes (Buchwertes) RW_t abgeschrieben wird , verbleibt als neuer Buchwert $\left(1-\frac{p}{100}\right)\cdot RW_t$

Dann entwickelt sich der Buchwert RW_t im Zeitablauf vom Anschaffungszeitpunkt t_0 über das Ende des 1. Jahres t_1 bis zum Ende des letzten Nutzungsjahres t_n wie folgt:

$$RW_{t0} = AK$$

$$RW_{t1} = AK\left(1-\frac{p}{100}\right)$$

$$RW_{t2} = AK\left(1-\frac{p}{100}\right)\left(1-\frac{p}{100}\right) = AK\left(1-\frac{p}{100}\right)^2$$

$$RW_{t3} = AK\left(1-\frac{p}{100}\right)^3$$

.

.

.

$$RW_{tn} = AK\left(1-\frac{p}{100}\right)^n$$

Der Abschreibungssatz p soll so gewählt werden, dass der Restwert RW_{tn} am Ende der Nutzungsdauer gleich dem voraussichtlichen Wiederverkaufswert (Schrottwert) ist.

$$RW_{tn} = AK\left(1-\frac{p}{100}\right)^n = \text{Schrottwert}$$

$$\left(1-\frac{p}{100}\right)^n = \frac{RW_{tn}}{AK}$$

$$1-\frac{p}{100} = \sqrt[n]{\frac{RW_{tn}}{AK}}$$

$$\frac{p}{100} = 1-\sqrt[n]{\frac{RW_{tn}}{AK}}$$

$$p = 100\left(1-\sqrt[n]{\frac{RW_{tn}}{AK}}\right)$$

Beispiel 3: Anwendung der geometrisch-degressiven Abschreibung

AK = € 27.000;
ND = 8 Jahre;
geschätzter Restwert nach 8 Jahren ND = € 5.000;

$$p = 100\left(1 - \sqrt[8]{\frac{5.000}{27.000}}\right) = 100\left(1 - \sqrt[8]{0{,}185185185}\right)$$

$$= 100(1 - 0{,}809936) = 100 \cdot 0{,}190064$$

$$p \approx 19$$

	19% geometr.-degr. Abschreibung (gerundet auf volle €)	Restwert
t_0 = AK	-	27.000
t_1	5.130	21.870
t_2	4.155	17.715
t_3	3.366	14.349
t_4	2.726	11.623
t_5	2.208	9.415
t_6	1.789	7.626
t_7	1.449	6.177
t_8	1.174	5.003 ≈ 5.000

Das Zahlenbeispiel führt vor Augen, dass die Buchwertabschreibung eine relativ starke Degression bei der Wertminderung unterstellt. Im o.a. Beispiel ist in den ersten zwei Abschreibungsperiode der Abschreibungsbetrag ebenso groß wie in den letzten fünf Jahren zusammen.

Dass die Degression bei kürzerer Nutzungsdauer und/oder geringerem Restbuchwert (Schrottwert) noch stärker ist, lässt sich am besten an einem Beispiel verdeutlichen, das mit unzulässig hohen Abschreibungssätzen arbeitet:

Beispiel: Gegenüberstellung der geometrisch-degressiven AfA-Sätze (gerundet) bei unterschiedlicher Nutzungsdauer und unterschiedlichem Restbuchwert:

AK	€ 27.000		
Restbuchwert / ND	€ 5.000	€ 2.700	€ 1.000
8 Jahre	19%	25%	34%
4 Jahre	34%	44%	56%

Die extrem hohen Abschreibungssätze bei geringerem Restbuchwert und bei kürzerer Nutzungszeit führen zu einer Entwicklung des Buchwertes, die im allgemeinen stark von dem tatsächlichen Wertverlauf eines Anlagegutes abweichen dürfte. Zudem würden die hohen Abschreibungsbeträge in der Anfangsphase der Nutzungszeit im Vergleich zur linearen Abschreibung zu starken Gewinnminderungen und entsprechender Steuerersparnis führen. Aus diesen Gründen unterliegt die geometrisch-degressive Abschreibung steuerrechtlichen Restriktionen in der Anwendung. Die Beschränkung ist zwar steuerpolitisch begründet und insofern handelsrechtlich prinzipiell irrelevant, gleichwohl wird sie auch in der handelsrechtlich orientierten Bilanzierungspraxis weitgehend befolgt.

Nach § 7 Abs. 2 EStG ist der maximale jährliche Abschreibungssatz für bewegliche Anlagegüter gegenwärtig auf 20% des jeweiligen Buchwertes beschränkt und darf nicht höher sein als das Zweifache des linearen Abschreibungssatzes für gleiche Anlagegüter. (Sonderregelungen bleiben hier außer Betracht.) Höhere Abschreibungssätze werden als wirtschaftspolitisches Steuerungsinstrument eingesetzt; sie sollen die Investitionstätigkeit anregen und sind daher in der Vergangenheit zu Zeiten geringer Investitionsneigung erhöht worden, andererseits aber auch zwecks Konjunkturdämpfung kurzzeitig ausgesetzt gewesen.

Entwicklung der Höchstgrenze der degressiven Abschreibung:

Bei Anschaffung oder Herstellung im Zeitraum	Relation zum linearen AfA-Satz	absoluter Höchstsatz	Änderung der Rechtslage durch
bis 31.08.1977	max. 2fach	20%	
vom 01.09.1977 bis 29.07.1981	max. 2,5fach	25%	Gesetz zur Steuerentlastung und Investitionsförderung vom 04.11.1977
nach dem 29.07.1981	max. 3fach	30%	2. Haushaltsstrukturgesetz v. 22.12.1981
nach dem 31.12.2001	max. 2fach	20%	Steuersenkungsgesetz vom 23.10.2000

Die derzeit geltende Höchstgrenze von maximal 20% / maximal 2fach linear für den degressiven Abschreibungssatz bedeutet bei unterschiedlicher Nutzungsdauer für die Anwendungspraxis folgendes:

Tabelle: Maximal zulässige degressive Abschreibungssätze bei ausgewählter Nutzungsdauer

ND in Jahren	Linearer Abschreibungssatz	max. Obergrenze 2fach linear	max. degressiver Abschreibungssatz
2	50 %	100 %	nicht anwendbar,
3	$33\frac{1}{3}$ %	$66\frac{2}{3}$ %	da geringer als
4	25 %	50 %	linearer A.satz
5	20 %	40 %	
6	$16\frac{2}{3}$ %	$33\frac{1}{3}$ %	20 %
8	12,5 %	25 %	
10	10 %	20 %	
12	$8\frac{1}{3}$ %	$16\frac{2}{3}$ %	$16\frac{2}{3}$ %
15	$6\frac{2}{3}$ %	$13\frac{1}{3}$ %	$13\frac{1}{3}$ %
20	5 %	10 %	10 %
25	4 %	8 %	8 %
40	2,5 %	5 %	5 %
50	2 %	4 %	4 %

Die Tabelle verdeutlicht folgendes:

Bei einer Nutzungsdauer von 1 bis 4 Jahre ist die degressive Abschreibung infolge des maximal zulässigen Höchstsatzes nicht anwendbar, weil der lineare Abschreibungssatz bereits höher als 20% ist.

Bei einer Nutzungsdauer von 5 Jahren sind der degressive und der lineare Abschreibungssatz identisch und führen demzufolge im ersten Jahr zum gleichen Abschreibungsbetrag.

Bei einer Nutzungsdauer 6 bis 9 Jahre kann das 2fache des linearen Abschreibungssatzes zwar nicht voll ausgeschöpft werden, weil die absolute Obergrenze 20% wirksam wird, aber die degressive Abschreibung führt zu einem höheren Abschreibungssatz als die lineare Abschreibung, folglich zu anfänglich höheren Abschreibungsbeträgen.

Bei einer Nutzungsdauer von 10 Jahren entfaltet die degressive Abschreibung ihre vergleichsweise größte Wirkung, weil hier die absolute Obergrenze und das 2fache zusammentreffen.

Bei einer Nutzungsdauer von über 10 Jahren kann die absolute Obergrenze von 20% zwar nicht voll ausgeschöpft werden, aber die degressive Abschreibung führt zu einer Verdoppelung des Abschreibungssatzes gegenüber der linearen Abschreibung, folglich zu anfänglich höheren Abschreibungsbeträgen.

Nachfolgende Übersicht zeigt bei unterschiedlicher Nutzungsdauer die Abschreibungsmethode mit dem jeweils höchsten Abschreibungssatz:

ND in Jahren	Abschreibungsmethode	Abschreibungssatz
1 - 4	linear	100% - 25%
5 - 10	degressiv	20%
> 10	degressiv	2fach linear

Die geometrisch-degressive Abschreibung ist gemäß § 7 Abs. 2 Satz 1 EStG nur auf **bewegliche** Wirtschaftsgüter des Anlagevermögens anwendbar. Für **unbewegliche** Anlagegüter **mit zeitlich unbegrenzter Nutzungsdauer** (z.B. unbebaute Grundstücke, Finanzanlagen) sind keine planmäßigen Abschreibungen möglich.

Für **unbewegliche** Anlagegüter **mit zeitlich begrenzter Nutzungsdauer** (z.B. Gebäude) gelten gemäß § 7 Abs. 4 und 5 EStG besondere Abschreibungsvorschriften, die insbesondere baukonjunkturell und steuerpolitisch intendiert sind. Da die Abschreibungsproblematik grundsätzlich die gleiche ist wie bei beweglichen Vermögensgegenständen des Anlagevermögens, soll diese hier nicht weiter behandelt werden.

Bei durchgängig geometrisch-degressiver Abschreibung bleibt stets ein nennenswerter Restbuchwert übrig, da auch im letzten Abschreibungsjahr lediglich ein Abschreibungssatz von maximal 20% des gegenwärtigen Buchwertes abgeschrieben werden kann. Am Ende der Nutzungsdauer muss das Abschreibungsobjekt jedoch auf den Wert null gebracht werden, wenn das abzuschreibende Wirtschaftsgut tatsächlich über keinen Restwert verfügt. Folglich muss es zulässig sein, im letzten Nutzungsjahr den gesamten verbliebenen Restwert RW_{tn-1} in der letzten Abschreibungsperiode abzuschreiben, um den Wert null zu erreichen. Methodisch gesehen bedeutet dies einen Wechsel von der degressiven auf die lineare Abschreibungsmethode.

Bezüglich des Abschreibungsverlaufs bedeutet dieses Vorgehen einen relativ hohen Abschreibungsbetrag erst am Ende der Nutzungsdauer. **Aus bilanzpolitischen Erwägungen** wird es jedoch **in normalen Gewinnsituationen** für sinnvoller gehalten, **so früh wie möglich so viel wie möglich abzuschreiben**, um **stille Reserven** zu bilden und den ausgewiesenen Gewinn zu verringern. Aus dieser Überlegung heraus wäre es sinnvoller, den Übergang von der degressiven zur linearen Abschreibungsmethode zu einem frühen Zeitpunkt vorzunehmen. Ein solcher Methodenwechsel von der degressiven zur linearen Abschreibung ist gemäß § 7 Ab. 3 EStG jederzeit zulässig, jedoch nicht umgekehrt.

Der Übergang hat nicht nur im Zusammenhang mit der Lösung des Restwertproblems Bedeutung; er hat auch steuerrechtliche Relevanz: Werden die planmäßigen Abschreibungen nach degressiver Methode vorgenommen, sind nach Steuerrecht daneben – anders als bei planmäßig linearer Abschreibung – keine außerplanmäßigen Absetzungen für außergewöhnliche technische oder wirtschaftliche Abnutzungen steuerlich zulässig (§ 7 Abs. 2 Satz 4, Abs. 1 Satz 5 EStG). Ein bei degressiver Abschreibung nicht realisierbarer zusätzlicher

Abschreibungsbedarf würde also steuerlich nur durch den Übergang zur linearen Abschreibung oder durch Teilwertabschreibung gem. § 6 EStG (z.B. nach Totalschaden eines Kraftfahrzeugs) ermöglicht werden.

Auch handelsrechtlich kann die Abschreibung mit Methodenwechsel als planmäßig gelten, wenn der Zeitpunkt des Wechsels a priori bereits bei Beschaffung festgelegt werden.

Optimal im Sinne einer möglichst frühzeitigen Aufwandsverrechnung ist der Wechsel in **der** Abschreibungsperiode, in der sich durch den Übergang zur linearen Abschreibung in dem Jahr erstmals höhere Abschreibungsbeträge ergeben als bei Fortführung der degressiven Abschreibung.

Von dieser abschreibungspolitischen Möglichkeit machen die Unternehmen regelmäßig Gebrauch. Im Anhang der veröffentlichten Jahresabschlüsse findet sich dann gewöhnlich die Formulierung: Bewegliche Gegenstände des Anlagevermögens werden im Rahmen der steuerlichen Möglichkeiten degressiv abgeschrieben; der Übergang auf die lineare Abschreibungsmethode erfolgt, sobald diese zu höheren Abschreibungen führt.

Methodenwechsel von der degressiven zur linearen Abschreibungsmethode im optimalen Zeitpunkt, dargestellt am Beispiel 1:

AK = € 40.000
ND = 8 Jahre
Restbuchwert RW_{t8} = € 0
AfA-Satz degressiv = 2fach linear = 2 · 12,5% = 25%
übersteigt die Obergrenze 20%,
also degressive Abschreibung 20%.

T	**degressive** AfA 20% ohne Methodenwechsel (gerundet auf volle €) AfA	RW	AfA in t_n bei **linearer** Verteilung des RW_{tn-1} ab t_n auf die restl. ND (gerundet auf volle €) Restl. ND i.J.		**degressive** AfA 20% **mit Methodenwechsel** zur **linearen** AfA im optimalen Zeitpunkt (gerundet auf volle €) AfA	RW
t_0	-	40.000		-	-	40.000
t_1	8.000	32.000	8	5.000	8.000	32.000
t_2	6.400	25.600	7	4.571	6.400	25.600
t_3	5.120	20.480	6	4.267	5.120	20.480
t_4	4.096	16.384	5	4.096	4.096	16.384
t_5	3.277	13.107	4	4.096	4.096	12.288
t_6	2.621	10.486	3	4.369	4.096	8.192
t_7	2.097	8.389	2	5.243	4.096	4.096
t_8	1.678	6.711	1	8.389	4.096	0

Mit dem Ziel optimaler Ausnutzung der Abschreibungsmöglichkeiten müsste in den ersten drei Perioden degressiv abgeschrieben werden und ab der fünften Periode eine lineare Verteilung des RW_{t4} erfolgen. Da in der vierten Periode der Abschreibungssatz bei Übergang zur linearen Methode – ebenso wie bei Fortführung der degressiven Methode – 20% beträgt, führt der Übergang in der vierten Periode zum gleichen Ergebnis wie der Übergang in der fünften Periode.

Generell liegt der optimale Zeitpunkt für einen Methodenwechsel dann vor, wenn der degressive Abschreibungssatz p kleiner wird als der Kehrwert der restlichen Nutzungsdauer bzw. die restliche Nutzungsdauer kleiner wird als der Kehrwert des degressiven Abschreibungssatzes p:

$$p < \frac{1}{\text{restl. ND}} \quad \text{bzw.} \quad \text{restl. ND} < \frac{1}{p}$$

Bei Ausnutzung des maximalen degressiven Abschreibungssatzes von 20% = 0,2 bedeutet dies, dass der optimale Zeitpunkt für den Methodenwechsel fünf Jahre vor Ende der Nutzungsdauer liegt, denn

$$\text{restliche ND} = \frac{1}{p} = \frac{1}{20\%} = \frac{1}{0{,}2} = 5$$

Auch **andere Methoden mit fallenden Abschreibungsbeträgen** sind betriebswirtschaftlich denkbar.

Arithmetisch-degressive Abschreibung

Als weitere Methode mit degressivem Abschreibungsverlauf kommt die **arithmetisch-degressive Abschreibung** in Betracht. Sie weist einen (für viele Vermögensgegenstände des Anlagevermögens realitätsnäheren) gemäßigteren Verlauf der Degression auf als die geometrisch-degressive Form.

Die aufeinanderfolgenden Abschreibungsbeträge stellen eine arithmetische Zahlenreihe dar, d.h. sie nehmen jährlich um den gleichen Betrag gegenüber der vorjährigen Abschreibung ab. Die einfachste Form der arithmetisch-degressiven Abschreibung ist die **digitale** Abschreibung.

Bei der digitalen Abschreibung (Jahressummenabschreibung) wird der Abschreibungsbetrag errechnet, indem man den gesamten Abschreibungsbedarf in so viele Bruchteile aufteilt, wie die kumulierte Anzahl der Nutzungsjahre ergibt; bei ND = 4 Jahre also in 1 + 2 + 3 + 4 = 10 Teile. Dann wird im 1. Jahr $\frac{4}{10}$, im 2. Jahr $\frac{3}{10}$, im 3. Jahr $\frac{2}{10}$ im 4. Jahr $\frac{1}{10}$ des Abschreibungsbedarfs abgesetzt.

Die kumulierte Nutzungsdauer errechnet sich allgemein aus $\frac{n(n+1)}{2}$

Anwendung der digitalen Abschreibung auf Beispiel 1:

AK = € 40.000;
ND = 8 Jahre;

$$\text{ND kumuliert} = \frac{8(8+1)}{2} = \frac{72}{2} = 36$$

$$\frac{AK}{ND_{kum}} = \frac{€\,40.000}{36} = €\,1.111$$

T	Bruchteil	Abschreibungsbetrag € (gerundet)	RW_t
T_0		-	40.000
T_1	$\frac{8}{36}$	8.889	31.111
T_2	$\frac{7}{36}$	7.778	23.333
T_3	$\frac{6}{36}$	6.667	16.666
T_4	$\frac{5}{36}$	5.556	11.110
T_5	$\frac{4}{36}$	4.444	6.666
T_6	$\frac{3}{36}$	3.333	3.333
T_7	$\frac{2}{36}$	2.222	1.111
T_8	$\frac{1}{36}$	1.111	0

Steuerlich hat die arithmetisch-degressive Methode, nachdem sie seit 01.01.1985 grundsätzlich nicht mehr zulässig ist, nur Bedeutung für die Abschreibung des aktiven Disagios bei Tilgungsdarlehen (vgl. Teil B: Bilanzen). Eine aufwandsgemäße Verteilung des aktivierten Disagios nach digitaler Methode kommt bei regelmäßig zu tilgenden Darlehen der tatsächlichen zinsähnlichen Belastung näher und ist für den Kaufmann i.d.R. vorteilhafter als eine lineare Verteilung und gilt steuerlich als nicht zu beanstanden.

Eine nicht nur theoretische Rolle spielt die arithmetisch-degressive Abschreibung im Rahmen der Kostenrechnung bei der Verrechnung der kalkulatorischen Abschreibungen, weil dabei eine möglichst realitätsnahe Verteilung der Anschaffungskosten angestrebt wird, dem die arithmetisch-degressive Abschreibung in vielen Fällen am ehesten entspricht.

Eine weitere denkbare Form der degressiven Abschreibung ist eine Abschreibung von den Anschaffungskosten in **gestaffelten Sätzen**. Man unterteilt die gesamte Nutzungsdauer in mehrere Teilabschnitte und lässt die Abschreibungssätze von Abschnitt zu Abschnitt geringer werden, hält sie jedoch innerhalb der Abschnitte konstant. Diese Methode findet als Regelabschreibung Anwendung bei Gebäuden: Gem. § 7 Abs. 5 Satz 1 Nr. 1 EStG können z.B. auf Betriebsgebäude Abschreibungen – wie folgt – vorgenommen werden:

Ausgehend vom Jahr der Anschaffung oder Fertigstellung		
In den Jahren 1 – 4	jeweils	10,0%
In den Jahren 5 – 7	jeweils	5,0%
In den Jahren 8 – 25	jeweils	2,5%
der Anschaffungs- oder Herstellungskosten		

Beispiel für Abschreibung in gestaffelten Sätzen, dargestellt an Beispiel 1:

AK = € 40.000;
ND = 8 Jahre

T	Abschreibung in v.H.	Abschreibung €	RW_t in €
t_0	-	-	40.000
t_1	20	8.000	32.000
t_2	20	8.000	24.000
t_3	15	6.000	18.000
t_4	15	6.000	12.000
t_5	10	4.000	8.000
t_6	10	4.000	4.000
t_7	5	2.000	2.000
t_8	5	2.000	0

Progressive Abschreibung

Ohne größere praktische Bedeutung und steuerlich unzulässig ist die **progressive Abschreibung**. Bei ihr wird ein stärkerer Wertverfall erst in den späteren Jahren der langjährigen Nutzung unterstellt und deshalb mit progressiv steigenden Beträgen abgeschrieben. Als in Betracht kommende Beispiele finden sich in der Literatur Obstplantagen, Talsperren und Nutztiere.

Alle bisher genannten Methoden legen für die Ermittlung der jährlichen Abschreibungsbeträge eine bestimmte Nutzungsdauer in Jahren zugrunde; die Nutzungsintensität wird nur indirekt über die Nutzungsdauer berücksichtigt. Demgegenüber stellt eine andere Methode die **Nutzungsintensität** in den Vordergrund.

Abschreibung nach Leistungseinheiten

Die **Abschreibung nach Leistungseinheiten** geht davon aus, dass ein abnutzbares Wirtschaftsgut nur ein begrenztes Nutzungspotential in sich birgt und die Lebensdauer durch den Verbrauch dieser Nutzungseinheiten bestimmt wird. So kann etwa unterstellt werden, dass die maximale Nutzungsdauer eines Kraftfahrzeugs primär durch die gefahrenen Kilometer, die Lebensdauer einer Maschine durch die eingesetzten Stunden, die eines Flugzeugs durch die Anzahl der geleisteten Flugstunden begrenzt wird.

Bei derartigen Objekten kommt eine Abschreibung nach den abgegebenen Leistungseinheiten der tatsächlichen Wertentwicklung näher als eine Zeitabschreibung. Voraussetzung ist aus betriebswirtschaftlicher Sicht, dass der Verbrauch der abschreibungsrelevanten Leistungseinheiten einwandfrei und leicht messbar ist, z.B. mit Hilfe eines Kilometerzählers beim Kraftfahrzeug. Voraussetzung für die steuerliche Zulässigkeit ist, dass der jährliche Leistungsumfang nachgewiesen wird und eine Abschreibung nach Maßgabe der Leistungseinheiten wirtschaftlich begründet ist (§ 7 Abs. 1 Satz 4 EStG). Vernachlässigt wird bei dieser Methode der Umstand, dass der Wertverlust in gewissem Maße auch durch andere Faktoren beeinflusst wird, wie z.B. beim Kraftfahrzeug durch die Fahrweise, die Nutzungsart, die Pflege usw.

Beispiele für die Abschreibung nach Leistungseinheiten:

Beispiel 1: Bei Eigennutzung des gesamten Leistungspotentials

Anschaffungskosten eines Kraftfahrzeugs = € 30.000
Geschätzte Gesamtfahrleistung = 200.000 km

$$\text{Abschreibungsbetrag je LE (km)} = \frac{AK}{\sum LE} = \frac{€\,30.000}{200.000\text{ km}} = 0{,}15\ €/\text{km}$$

T	Km-Stand am Jahresende	Fahrleistung im Jahr (km)	Abschreibung in €	Restwert in €
0	0	0	0	30.000
1	12.000	12.000	1.800	28.200
2	38.400	26.400	3.960	24.240
3	70.800	32.400	4.860	19.380
4	104.000	33.200	4.980	14.400
5	139.200	35.200	5.280	9.120
6	179.000	39.800	5.970	3.150
7	200.000	21.000	3.150	0

Beispiel 2: Bei Eigennutzung eines Teils des Leistungspotentials und anschließender Verkauf in gebrauchtem Zustand

Anschaffungskosten eines Kraftfahrzeugs = € 23.000
Es ist beabsichtigt, das Kraftfahrzeug nach einer Eigennutzung von 80.000 km zu veräußern; geschätzter Wiederverkaufswert = € 7.000

Gesamter Abschreibungsbedarf für 80.000 km:

	AK	€	23,000
-	Restwert	€	7.000
=	Abschreibungsbedarf	€	16.000

Abschreibung je Leistungseinheit (km) =

$$\frac{€16.000}{80.000\ km} = 0{,}20\ €/km$$

T	Km-Stand am Jahresende	Fahrleistung im Jahr (km)	Abschreibung in €	Restwert in €
t_0	0	0	0	23.000
t_1	23.400	23.400	4.680	18.320
t_2	42.500	19.100	3.820	14.500
t_3	64.300	21.800	4.360	10.140
t_4	80.000	15.700	3.140	7.000

Erinnerungswert

Sämtliche Abschreibungsmethoden zielen darauf ab, am Ende der ex ante geschätzten Nutzungsdauer den Buchwert € 0 zu erreichen. In vielen Fällen werden jedoch Wirtschaftsgüter über die geplante Nutzungsdauer hinaus genutzt. In diesen Fällen müssen die planmäßig voll abgeschriebenen Anlagegüter, die weiterhin im Bestand sind, mit einem symbolischen Wert (**„Erinnerungswert"**) von € 1 fortgeschrieben werden. Im letzten planmäßigen Abschreibungsjahr wird also ein um den Erinnerungswert verminderter Betrag abgeschrieben. Damit wird dem Grundsatz der Bilanzwahrheit entsprochen, wonach jeder vorhandene Vermögenswert auszuweisen ist, solange er sich tatsächlich im Bestand befindet. Erst beim endgültigen Ausscheiden des Wirtschaftsgutes wird dieser Erinnerungswert ausgebucht.

Aufgabe A6/1:

Berechnen sie den Abschreibungssatz und die jährlichen Abschreibungsbeträge für ein Kraftfahrzeug mit den Daten
AK = € 24.000; ND = 6 Jahre

a) bei linearer Methode ohne Berücksichtigung eines Schrottwertes,
b) bei linearer Methode unter Berücksichtigung eines Schrottwertes in Höhe von € 600,
c) bei digitaler Methode ohne Berücksichtigung eines Schrottwertes!

Lösung im Lösungsteil

Aufgabe 6/2:

Erstellen sie die Abschreibungspläne nach linearer, geometrisch-degressiver (durchgängig 20%) und digitaler Methode für ein Anlagegut mit folgenden Daten:
AK = € 110.000; ND = 10 Jahre

Lösung im Lösungsteil

Aufgabe A6/3:

Ein Unternehmen kauft für einen leitenden Angestellten einen Dienstwagen (AK = € 32.900), der voraussichtlich nach einer Nutzungsdauer von sechs Jahren mit geringer Km-Leistung für € 10.000 weiterverkauft werden soll.

Ermitteln Sie nach Herleitung der Formel den Abschreibungssatz für degressive Abschreibung (auf volle Prozent gerundet) und erstellen Sie den Abschreibungsplan für die gesamte Nutzungsdauer; dabei sollen die Abschreibungsbeträge jeweils auf volle € gerundet werden.

Lösung im Lösungsteil

Aufgabe A6/4:

Erstellen Sie einen Abschreibungsplan mit der steuerlich höchst zulässigen Abschreibung für eine Anlage mit folgenden Werten:
AK = € 60.000; ND = 12 Jahre; Restwert = € 0.

Lösung im Lösungsteil

Aufgabe A6/5:

Erstellen Sie einen Abschreibungsplan mit der steuerlich höchst zulässigen Abschreibung für eine Anlage mit folgenden Werten:
AK = € 50.000; ND = 8 Jahre; Restwert = € 0.

Lösung im Lösungsteil

6.2.4 Direkte und indirekte Abschreibung

Lernziele:
• *Buchhalterische Beherrschung der direkten und indirekten Abschreibungsform*
• *Fähigkeit zur Erläuterung der unterschiedlichen Aussagefähigkeit der direkten und indirekten Abschreibungsform*

Um in der Bilanz eine eingetretene Wertminderung bei Anlagegütern auszuweisen, kann der Bilanzierende auf zwei verschiedene Abschreibungsformen zurückgreifen: Abschreibungen („direkte" Abschreibung) und Wertberichtigung („indirekte" Abschreibung).

Die im Abschnitt 6.2.1 dargestellte Grundform der Abschreibungsbuchung zeigt die **direkte** Abschreibung:

S	65 Abschreibungen		H
07	5.000	Saldo	5.000

→

S	802 GuV		H
65	5.000		

S	07 Maschinen		H
AB	50.000	65	5.000
		Saldo SBK	45.000

→

S	801 SBK		H
07	45.000		

Bei der **indirekten** Abschreibung ist die Erfolgswirkung aufgrund der Sollbuchung „per Abschreibungen" die gleiche. Die Habenbuchung wird jedoch nicht zur unmittelbaren Bestandsminderung im Anlagenkonto vorgenommen, sondern die erforderliche Wertkorrektur im Vermögensbestand erfolgt über ein passives Bestandskonto **„Wertberichtigungen" (WB)**.

Buchungsbeispiel:

65	Abschreibungen	5.000	361	WB Sachanlagen	5.000

Buchung und Abschluss in Kontoform:

S	65 Abschreibungen		H
361	5.000	Saldo	5.000

→

S	802 GuV		H
65	5.000		

S	07 Maschinen		H
AB	50.000	Saldo SBK	50.000

S	361 WB Sachanlagen		H
Saldo SBK	5.000	65	5.000

S	801 SBK		H
Masch.	50.000	WB zu Anl.	5.000

Nach dem Abschluss der Bestandskonten stehen sich in der Bilanz gegenüber

- auf der Aktivseite der Maschinenbestand stets in Höhe der ursprünglichen Anschaffungskosten/Herstellungskosten und
- auf der Passivseite der Wertberichtigungsbestand in Höhe der bisher vorgenommenen (kumulierten) Abschreibungen als Korrekturposten zum überhöht ausgewiesenen Aktivbestand.

Der aktuelle Buchwert ist rechnerisch als Differenz zwischen Aktiv- und Passivausweis zu ermitteln.

A Bilanz	P
ursprüngliche AK / HK	kumulierte Abschreibungen

Differenz: aktueller Buchwert

Im zweiten Jahr werden zu Beginn die Bestandskonten eröffnet und am Ende die gleichen Buchungen wiederholt:

S	65 Abschreibungen		H
361 (2. Jahr)	5.000	Saldo	5.000

→

S	802 GuV		H
Abschr.	5.000		

S	07 Maschinen		H
AB	50.000	Saldo SBK	50.000

S	361 WB Sachanlagen		H
Saldo SBK	10.000	AB	5.000
		65 (2. Jahr)	5.000

S	801 SBK		H
Maschinen	50.000	WB zu Anl.	10.000

Der Ausweis von Wertberichtigungen auf der Passivseite der Bilanz ist nach Handelsrecht (seit der Neufassung im Jahre 1985) für Kapitalgesellschaften nicht mehr zulässig; bei diesen müssen neben dem Ausweis der Buchwerte auf der Aktivseite in besonderen Vorspalten („Anlagenspiegel") (vgl. Teil B) u.a. die ursprünglichen Anschaffungs-/Herstellungskosten und – zwecks Korrektur der Werte – die Summe der bisher vorgenommenen Abschreibungen („kumulierte Abschreibungen") vorangestellt werden.

Die indirekte Abschreibung hat jedoch durch diese für Kapitalgesellschaften veränderte Ausweisvorschrift keinesfalls an praktischer Bedeutung verloren, denn

1. können **Nicht-Kapitalgesellschaften** nach wie vor die angesammelten Abschreibungen in einer Position „Wertberichtigungen" auf der Passivseite der Bilanz ausweisen, und
2. können Kapitalgesellschaften ihrer Verpflichtung zum Ausweis der kumulierten Abschreibung im Anlagenspiegel am leichtesten nachkommen, wenn sie in ihrer **internen Buchhaltung** diese Information in einem eigenen Konto „Wertberichtigungen" sammeln.

6.2.5 Die Buchung von Abgängen aus dem abschreibungsfähigen Anlagevermögen

Lernziele:
• *Beherrschen der Buchungen im Zusammenhang mit dem Abgang von Anlagegütern nach direkter und indirekter Abschreibung*

Beim Abgang von Gegenständen des Anlagevermögens ist einerseits die Bestandsminderung im Aktivkonto zu buchen; die Gegenbuchung andererseits ist abhängig von der Form der bisherigen Abschreibungsbuchungen und von den Umständen des Abgangs.

Beispiel:

Büromaschine AK = € 20.000;
ND = 5 Jahre;
lineare Abschreibung = € 4.000 p.a.

1) nach **direkter** Abschreibung

a) Die Maschine wird ohne Gegenwert aus dem Bestand genommen.

a_1) Entnahmezeitpunkt im Laufe des letzten planmäßigen Nutzungsjahres; Restwert RW_{t4} = € 4.000

Buchung:
Es wird die letzte planmäßige Abschreibung vorgenommen:

65 Abschreibungen 4.000 | 08 GA 4.000

S	08 GA		H
BW_{t4}	4.000	65	4.000

Konto ausgeglichen

S	65 Abschreibungen		H
08	4.000	Saldo	

↓ GuV

a_2) Entnahmezeitpunkt nach Ablauf der planmäßigen Nutzungsdauer; Restwert RW_{t5} = € 1 (Erinnerungswert)

Buchung:

Der Erinnerungswert wird ausgebucht.

65 Abschreibungen 1 | 08 GA 1

S	08 GA		H
BW_{t5}	1	65	1

Konto ausgeglichen

S	65 Abschreibungen		H
08	1	Saldo	

↓ GuV

a_3) Entnahmezeitpunkt im vorletzten Jahr der planmäßigen Nutzungsdauer; Restwert RW_{t3} = € 8.000

Buchung:
Die Büromaschine wird voll ausgebucht; es wird die planmäßige Jahresabschreibung des vorletzten Jahres vorgenommen; der Rest wird außerplanmäßig abgeschrieben.

Soll		Betrag	Haben		Betrag
654	(planmäßige) Abschreibung auf Sachanlagen	4.000	08	GA	8.000
655	Außerplanmäßige Abschreibung auf Sachanlagen	4.000			

S	08 GA		H
BW_{t3}	8.000	652	4.000
		655	4.000

Konto ausgeglichen

S	654 (planm.) Abschreibungen		H
08	4.000	Saldo ↓ GuV	

S	655 apl. Abschreibung		H
08	4.000	Saldo ↓ GuV	

b) Barverkauf der Büromaschine zu Beginn des letzten planmäßigen Nutzungsjahres; Restwert RWt_{t4} = € 4.000

Zunächst soll dieser Verkaufserlös buchungstechnisch in einer Form dargestellt werden, die den Verkaufserlös einerseits als Bestandsminderung und andererseits (bei Verkaufserlös ≠ Restwert) in seiner Erfolgswirkung systemgerecht verdeutlicht:

b_1) Verkaufserlös = € 4.000 (= Restwert) + Umsatzsteuer

Buchung:

Soll		Betrag	Haben		Betrag
288	Kasse	4.640	08	GA	4.000
			480	USt	640

b_2) Verkaufserlös = € 3.000 (< Restwert) + Umsatzsteuer
Der Verkaufserlös ist kleiner als der Restwert, weil in den vergangenen Jahren im Vergleich zur tatsächlichen Wertminderung zu wenig abgeschrieben worden ist. Der dadurch entstandene außerplanmäßige Abschreibungsbedarf ist jetzt als außerordentlicher Aufwand zu buchen (Konto 696 Verluste aus dem Abgang von Vermögensgegenständen).

Buchung:

288	Kasse	3.480	08	GA	4.000
696	Verluste aus AV-Abgängen	1.000	480	USt	480

b_3) Verkaufserlös = € 6.000 (> Restwert) + Umsatzsteuer
Der Verkaufserlös ist größer als der Restwert, weil in den vergangenen Jahren zu viel abgeschrieben worden ist. Die damit verbundene zu starke Reduzierung des Gewinnausweises muss jetzt durch Buchung außerordentlicher Erträge kompensiert werden (Konto 546 Erträge aus dem Abgang von Vermögensgegenständen).

Buchung:

288	Kasse	6.960	08	GA	4.000
			480	USt	960
			546	Erträge aus AV-Abgängen	2.000

Zum gleichen Ergebnis in bilanz- und erfolgsmäßiger Hinsicht führt auch eine andere Buchungsweise, die jedoch eher den Anforderungen im Hinblick auf eine Überprüfbarkeit der Umsatzsteuerermittlung (sog. Umsatzsteuerverprobung) entspricht (§ 22 Abs. 2 UStG) und unter dem Gesichtspunkt der Erfolgbuchung dem Buchungssystem adäquater ist. Hierzu müssen in der Buchführung alle umsatzsteuerpflichtigen Beträge gesondert in Ertragskonten erfasst werden. Der Verkauf von Anlagegütern ist ein solches umsatzsteuerpflichtiges Geschäft. Deshalb wird bei dieser Buchungsweise zunächst der Netto-Verkaufserlös (unabhängig von seiner Relation zum Buchwert) als „sonstiger Erlös" in Konto 541 und die in ihrer Höhe von diesem Erlös abhängige Umsatzsteuer in Konto 480 im Haben gebucht, mit der Gegenbuchung im Soll über das betreffende Zahlungskonto. Im zweiten Schritt wird diese Ertragsbuchung sodann über das Anlagenkonto ausgebucht und in Höhe der Differenz zwischen Verkaufserlös und Restwert wieder korrigiert. Diese Korrektur erfolgt bei einem Buchverlust (Verkaufserlös < Restwert) über das Aufwandskonto 696 „Verluste aus dem Abgang von Vermögensgegenständen", bei einem Buchgewinn (Verkaufserlös > Restwert) über das Ertragskonto 546 „Erträge aus dem Abgang von Vermögensgegenständen". Bei dieser Buchungsweise würden die Buchungen zu b_1) bis b_3) wie folgt lauten:

b_1) Verkaufserlös = € 4.000 (= Restwert) + USt

Buchung:

288	Kasse	4.640	541	Sonstige Erlöse	4.000
			480	USt	640
541	Sonstige Erlöse	4.000	08	GA	4.000

b_2) Verkaufserlös = € 3.000 (< Restwert) + USt

Buchung:

288	Kasse	3.480	541	Sonstige Erlöse	3.000
			480	USt	480
541	Sonstige Erlöse	3.000	08	GA	4.000
696	Verluste aus AV-Abgängen	1.000			

b_3) Verkaufserlös = € 6.000 (> Restwert) + USt

Buchung:

288	Kasse	6.960	541	Sonstige Erlöse	6.000
			480	USt	960
541	Sonstige Erlöse	6.000	08	GA	4.000
			564	Erträge aus AV-Abgängen	2.000

Für die Lösung von Übungsaufgaben können beide Buchungsweisen als gleichberechtigt gelten.

2) Nach **indirekter** Abschreibung:
Der Kontostand des fünften Jahres ist wie folgt:

S	08 GA		H
AB	20.000		

S	361 WB zu Sachanlagen		H
		AB	16.000

Bei Abgang der Geschäftsausstattung ist einerseits die aktive Bestandsposition auszugleichen

			08	GA	20.000

andererseits ist die dafür gebildete Wertberichtigung aufzulösen.

361	WB zu Sachanlagen	16.000			

Alle übrigen Buchungen lauten analog, z.B.:

b_1) Verkaufserlös = € 4.000 (= Restwert) + USt

Buchung:

361	WB Sachanlagen	16.000	08	GA	20.000
288	Kasse	4.640	480	USt	640

b$_2$) Verkaufserlös = € 3.000 (< Restwert) + USt

Buchung:

361	WB Sachanlagen	16.000	08	GA	20.000
288	Kasse	3.480	480	USt	480
696	Verluste aus AV-Abgängen	1.000			

b$_3$) Verkaufserlös = € 6.000 (> Restwert) + USt

Buchung:

361	WB Sachanlagen	16.000	08	GA	20.000
288	Kasse	6.960	480	USt	960
			546	Erträge aus AV-Abgängen	2.000,-

In alternativer Buchungsweise lauten die Buchungen:

b$_1$)	288	Kasse	4.640	541	Sonstige Erlöse	4.000
				480	USt	640
	541	Sonstige Erlöse	4.000	08	GA	20.000
	361	WB Sachanlagen	16.000			
b$_2$)	288	Kasse	3.480	541	Sonstige Erlöse	3.000
				480	USt	480
	541	Sonstige Erlöse	3.000	08	GA	20.000
	361	WB Sachanlagen	16.000			
	696	Verluste aus AV-Abgängen	1.000			
b$_3$)	288	Kasse	6.960	541	Sonstige Erlöse	6.000
				480	USt	960
	541	Sonstige Erlöse	6.000	08	GA	20.000
	361	WB Sachanlagen	16.000	546	Erträge aus AV-Abgängen	2.000

Aufgabe A6/6:

Bilden Sie die Buchungssätze und buchen Sie unter Verwendung der angegebenen Konten folgende Vorgänge (alle Beträge in €):

(Auf die Buchungen in den übrigen angesprochenen, jedoch nicht angegebenen Konten soll verzichtet werden.)

05	Gebäude (AB 140.000)
07	Maschinen (AB 200.000)
084	Fuhrpark (AB 80.000)
361	Wertberichtigung zu Sachanlagen (AB 124.000)
5462	Erträge aus dem Abgang von Sachanlagen
652	Abschreibungen auf Sachanlagen
6962	Verluste aus dem Abgang von Sachanlagen
802	GuV
801	SBK

1) Barverkauf einer gebrauchten Fertigungsmaschine
AK = € 36.000; Wertberichtigung bisher € 24.000
Verkaufserlös 10.600,- + 16 % USt.

2) Verkauf eines gebrauchten Kraftfahrzeuges gegen Bankscheck
AK = € 22.00; Wertberichtigung bisher € 17.600
Verkaufserlös 6.900,- + 16% USt

3) Am 31.12. indirekte Abschreibung
2% auf Gebäude
20% auf Maschinen
20% auf Fuhrpark

Abzuschließen sind die Konten: 05, 07, 084, 361, 5462, 652, 6962

Lösung im Lösungsteil

6.3 Abschreibungen und Wertberichtigungen auf Forderungen

6.3.1 Klassifizierung der Forderungen nach ihrem Ausfallrisiko

Lernziele:
• *Fähigkeit zur Unterscheidung zwischen zweifelfreien, zweifelhaften und uneinbringlichen Forderungen* • *Kenntnis von Indizien für uneinbringliche und zweifelhafte Forderungen*

Forderungen sind Geldansprüche infolge von Lieferungen oder Leistungen. Grundsätzlich ist davon auszugehen, dass sie zu einem späteren Zeitpunkt in voller Höhe zu liquiden Mitteln werden. Demzufolge werden sie, solange ihre Einbringlichkeit zweifelfrei erscheint, mit ihrem Nominalwert gebucht und aktiviert. Es können jedoch gegenüber diesem Nennwert Wertverluste eintreten, wenn ein Schuldner seiner Zahlungsverpflichtung nicht oder nicht im vollem Umfang nachkommen kann. In diesem Fall müssen Abschreibungen in Höhe der uneinbringlichen Forderungen vorgenommen werden. Auch wenn ein Ausfall einer Forderung nicht sicher ist, sondern lediglich Zweifel hinsichtlich ihrer Einbringlichkeit bestehen, müssen nach dem Vorsichtsprinzip diese Risiken beim Erfolgsausweis antizipiert und beim Bilanzansatz der Vermögenswerte berücksichtigt werden.

Als **uneinbringlich** gelten Forderungen, deren Ausfall nach wirtschaftlicher Einschätzung als sicher anzusehen ist. Das ist z.B. der Fall nach freiwilligem Forderungsverzicht, nach fruchtlosen Pfändungen, nach Abschluss eines Insolvenzverfahrens (in Höhe der nicht gedeckten Quote) oder nach Einstellung eines solchen Verfahrens mangels Masse.

Als **zweifelhaft** gelten Forderungen, wenn der Schuldner in Zahlungsschwierigkeiten ist, wofür es verschiedene Indizien geben kann, z.B. Beantragung eines Insolvenzverfahrens, Wechselprotest, Stundungsgesuch des Schuldners, erfolglose Mahnungen, nicht eingelöste Schecks.

Die Klassifizierung der Forderungen in uneinbringliche und zweifelhafte geht auf § 40 Abs. 3 HGB alter Fassung zurück und ist in der neuen Fassung des HGB gemäß Bilanzrichtlinien-Gesetz von 1985 nicht mehr enthalten. Gleichwohl kennzeichnet sie in treffender Weise die unterschiedlichen Kreditausfallrisiken.

6.3.2 Direkte Abschreibungen auf uneinbringliche Forderungen

Lernziele:
• *Buchhalterische Beherrschung von Abschreibungen uneinbringlicher Forderungen*

Ist eine Forderung uneinbringlich geworden, wird sie sogleich direkt abgeschrieben. Durch die Abschreibungsbuchung des eingetretenen Forderungsausfalls wird der bei Entstehung der Forderung gebuchte Umsatzerlös in der Erfolgsrechnung neutralisiert; im Zusammenhang damit muss jetzt auch die auf Basis des ursprünglichen Umsatzerlöses gebuchte Umsatzsteuer korrigiert werden.

Beispiel 1:

Eine bislang als zweifelfrei geltende Forderung in Höhe von € 812,- wird plötzlich uneinbringlich.

Buchung:

695	Abschreibungen auf Forderungen	700	240	Forderungen	812
480	Umsatzsteuer	112			

6.3.3 Die Absonderung und Abschreibung zweifelhafter Forderungen

Lernziele:
• *Buchhalterische Beherrschung der Absonderung und Abschreibung zweifelhafter Forderungen*

Werden im Laufe eines Geschäftsjahres Ereignisse bekannt, die an der vollen Einbringlichkeit einer Forderung Zweifel aufkommen lassen, wird die mit einem erkennbaren Risiko behaftete Forderung zweckmäßigerweise aus dem sicher erscheinenden Forderungsbestand abgesondert und auf das Konto „Zweifelhafte Forderungen" („Dubiose") umgebucht. Hierzu besteht keine Verpflichtung, aber die Absonderung erscheint vorteilhaft, um sie - wie auf einer Intensivstation - einer ständigen Beobachtung unterziehen zu können.

Beispiel 2:

Ein Kunde bittet darum, ihm im Zuge eines außergerichtlichen Vergleichsverfahrens 20% seiner fälligen Verbindlichkeiten zu erlassen. Unsere Forderung gegen ihn beträgt (inkl. USt) € 11.600.

Buchung:

247	Zweifelhafte Ford.	11.600	240	Forderungen	11.600

Fortsetzung des Beispiels 2:

Nach Abstimmung mit den übrigen Gläubigern verzichten wir noch in demselben Geschäftsjahr auf 20% unserer Forderung; die übrigen 80% der Forderung gehen auf Bankkonto ein. Da der Fall als abgeschlossen gilt, ist der Forderungsausfall direkt abzuschreiben und die anteilige Umsatzsteuer zu berichtigen.

Buchung:

280	Bank	9.280			
695	Abschreibungen auf Forderungen	2.000	247	Zweifelhafte Ford.	11.600
480	Umsatzsteuer	320			

6.3.4 Die Bewertung von Forderungen und die Bildung von Einzelwertberichtigungen am Abschlussstichtag

Lernziele:
• *Buchhalterische Beherrschung der Bildung von Einzelwertberichtigungen zu Forderungen*

Am Abschlussstichtag müssen die Forderungen bewertet werden. Während die zweifelfreien Forderungen als vollwertige Forderungen mit ihrem Nominalwert aktiviert werden, muss bei den abgesonderten „Zweifelhaften Forderungen" das Verlustrisiko geschätzt werden. In Höhe des nach vorsichtiger Schätzung zu erwartenden Forderungsausfalls müssen Abschreibungen auf die einzelnen Forderungen vorgenommen werden.

Nicht-Kapitalgesellschaften ist freigestellt, ob sie diese Abschreibungen in direkter oder indirekter Form vornehmen. Kapitalgesellschaften dürfen in der Bilanz zwar keine Wertberichtigungen ausweisen (vgl. Abschnitt 6.2.4), aber in der internen Buchhaltung bietet sich auch für diese Unternehmensformen zwecks größerer Aussagefähigkeit eine indirekte Abschreibung an, also die Bildung einer passivischen Einzelwertberichtigung als Korrekturposten zum aktivischen Forderungsbestand. Dadurch behält man bis zum endgültigen Ausfall oder Eingang der Forderung einen klaren Überblick über den ursprünglichen Forderungswert und den erwarteten Ausfall.

Buchung:

695	Abschreibungen auf Forderungen	367	Einzelwertberichtigungen zu Forderungen (EWB)

Infolge dieser Buchung bleibt die Forderung in voller Höhe ihres Rechtsanspruchs auf der Aktivseite der Bilanz als Forderung ausgewiesen, während der geschätzte Forderungsausfall als Einzelwertberichtigung passiviert wird. Der für später erwartete Forderungseingang wird dann aus der Differenz der aktivierten Forderung und der passivierten Wertberichtigung ersichtlich.

Hierbei ist jedoch zu beachten, dass die zweifelhafte Forderung brutto (d.h. inkl. USt) ausgewiesen, die Abschreibung jedoch auf den Nettowert der Forderung vorgenommen wird. Die Umsatzsteuer darf erst korrigiert werden, wenn der Fall endgültig abgeschlossen ist.

Beispiel 3:

Nachdem ein Kunde im Laufe des Jahres ein gerichtliches Insolvenzverfahren beantragt hatte, hatten wir unsere Forderung in Höhe von brutto € 23.200 als zweifelhafte Forderung abgesondert.

Buchung:

247	Zweifelhafte Ford.	23.200	240	Forderungen	23.200

Am Bilanzstichtag ist das Verfahren noch nicht abgeschlossen, wir erwarten einen Vergleich mit einer vorsichtig geschätzten Ausfallquote von 40%. Dementsprechend nehmen eine Einzelwertberichtigung auf den Nettobetrag der Forderung vor:

Buchung:

695	Abschreibungen auf Forderungen	8.000	367	EWB zu Forderungen	8.000

Das führt zu folgendem Bild im SBK:

S	SBK		H
Zweifelhafte Forderungen	23.200	EWB zu Forderungen	8.000

6.3.5 Die Auflösung von Einzelwertberichtigungen zu Forderungen nach Abschluss des Falles

Lernziele:
• *Buchhalterische Beherrschung der Auflösung von Einzelwertberichtigungen zu Forderungen*

Fortsetzung des Beispiels 3:

Im folgenden Geschäftsjahr kommt das Vergleichsverfahren zum Abschluss. Die Vergleichsquote geht auf Bankkonto ein. Daraufhin sind die Umsatzsteuer zu berichtigen und die Einzelwertberichtigung aufzulösen.

Die Höhe der eingehenden Vergleichsquote kann der erwarteten Höhe entsprechen oder sie kann höher oder kleiner ausfallen als erwartet. Nachfolgend werden diese drei Varianten in ihrer buchhalterischen Auswirkung dargestellt.

Variante 1: Tatsächlicher Forderungsausfall = geschätzter Forderungsausfall
Zahlungseingang € 13.920 (bestehend aus 12.000 netto + 1.920 USt) = 60% der Forderung

Tatsächlicher Forderungsausfall 40%	=	geschätzter Forderungsausfall 40%
8.000 + 1.280	=	8.000 + 1.280

Zweifelhafte Forderungen	€	23.000	Bestand ausbuchen
Zahlungseingang	€	13.920	Bankeingang buchen
Forderungsausfall brutto	€	9.280	
% $\frac{16}{116}$ USt-Anteil	€	1.280	USt berichtigen
Forderungsausfall netto	€	8.000,-	EWB auflösen

Buchung:

280	Bank	13.920			
480	USt	1.280	247	Zweifelhafte	
367	EWB zu Ford.	8.000		Forderungen	23.200

Variante 2: Tatsächlicher Forderungsausfall < geschätzter Forderungsausfall
Zahlungseingang € 16.240 (bestehend aus 14.000 netto + 2.240 USt) = 70% der Forderung

Tatsächlicher Forderungsausfall 30%	<	Geschätzter Forderungsausfall 40%
6.000 + 960	<	8.000 + 1.280

Zweifelhafte Forderungen	€	23.200	Bestand ausbuchen
Zahlungseingang	€	16.240	Bankeingang buchen
Forderungsausfall brutto	€	6.960	
% $\frac{16}{116}$ USt-Anteil	€	960	USt berichtigen
Forderungsausfall netto	€	6.000	
Einzelwertberichtigung	€	8.000	EWB auflösen
Abschreibung war zu hoch um	€	2.000	als sonstige Erträge (Konto 545 Erträge aus Werterhöhung von Forderungen) buchen

Buchung:

280	Bank	16.240	247	Zweifelhafte Forderungen	23.200
480	USt	960	545	Erträge/Forderungen	2.000
367	EWB zu Ford.	8.000			

Variante 3: Tatsächlicher Forderungsausfall > geschätzter Forderungsausfall Zahlungseingang € 12.760 (bestehend aus 11.000 netto + 1.760 USt) = 55% der Forderung

Tatsächlicher Forderungsausfall 45%	>	Geschätzter Forderungsausfall 40%
9.000 + 1.440	>	8.000 + 1.320

Zweifelhafte Forderungen	€	23.200	Bestand ausbuchen
Zahlungseingang	€	12.760	Bankeingang buchen
Forderungsausfall brutto	€	10.440	
% $\frac{16}{116}$ USt-Anteil	€	1.440	USt berichtigen
Forderungsausfall netto	€	9.000	
Einzelwertberichtigung	€	8.000	EWB auflösen
Abschreibung war zu niedrig um	€	1.000	Abschreibung nachholen (Konto 695 Abschreibungen auf Forderungen)

Buchung:

280	Bank	12.760	247	Zweifelhafte Forderungen	23.200
480	USt	1.440			
367	EWB zu Ford.	8.000			
695	Abschreibungen auf Forderungen	1.000			

6.3.6 Die Bildung von Pauschalwertberichtigungen zu Forderungen

Lernziele:

- *Einsicht in die Notwendigkeit zur Bildung von Pauschalwertberichtigungen*
- *Fähigkeit zur Ermittlung des Pauschalwertberichtigungsbedarfs*
- *Buchhalterische Beherrschung der Bildung von Pauschalwertberichtigungen zu Forderungen*

Die kaufmännische Erfahrung lehrt, dass es über die Realisierung erkennbarer Ausfallrisiken hinaus auch immer wieder zu unerwarteten Ausfällen von Forderungen kommen kann, die trotz sorgfältiger Einzelbewertung als zweifelfrei angesehen worden sind. Diesem **allgemeinen Kreditrisiko** trägt man Rechnung, indem man auf den Gesamtbestand der an sich als sicher geltenden Forderungen in einer angemessenen pauschalen Höhe Wertberichtigungen bildet; hierzu verwendet man das passive Bestandskonto „368 Pauschalwertberichtigungen zu Forderungen" (PWB zu Forderungen).

Die Bildung von Pauschalwertberichtigungen stützt sich auf § 253 Abs. 3 Satz 3 HGB, wonach Abschreibungen auf einen niedrigeren beizulegenden Wert vorgenommen werden dürfen, „soweit diese nach vernünftiger kaufmännischer Beurteilung notwendig sind, um zu verhindern, dass in der nächsten Zukunft der Wertansatz dieser Vermögensgegenstände auf Grund von Wertschwankungen geändert werden muss". Diese Vorschrift räumt also – losgelöst vom Prinzip des stichtagbezogenen Wertansatzes – ausdrücklich ein Wahlrecht zur Antizipation von möglichen künftigen Verlusten für das gesamte Umlaufvermögen, somit auch für Forderungen, ein.

In der Bilanz ist zwar nach der Gliederungsvorschrift des § 266 HGB (in der neuen Fassung seit 1985) für Kapitalgesellschaften ein eigener Passivposten „Pauschalwertberichtigungen" nicht mehr vorgesehen; da jedoch auch in Zukunft nach den Bewertungsvorschriften des § 253 HGB (aktivische) Abschreibungen auf Forderungen wegen des allgemeinen Kreditrisikos zulässig sind, können diese in der internen Buchhaltung auch weiterhin in indirekter Form durch Bildung von Pauschalwertberichtigungen vorgenommen werden.

Die Pauschalwertberichtigungen wegen des allgemeinen Kreditrisikos werden **neben** den Einzelwertberichtigungen für die speziellen Kreditrisiken gebildet. Aus Vereinfachungsgründen – wegen der Vielzahl der oft kleinen Einzelforderungen – kann man aber auch auf die Einzelwertberichtigung der Forderungen ganz verzichten und einen pauschalen Prozentsatz des Gesamtforderungsbestandes abschreiben. Dies ist zwar strenggenommen keine Pauschalwertberichtigung, weil sie nicht wegen des **allgemeinen** Kreditrisikos gebildet wird, sondern lediglich eine vereinfachte pauschale Ermittlung des **speziellen** Kreditrisikos darstellt; dennoch wird auch dieser Vorgang üblicherweise als Pauschalwertberichtigung bezeichnet.

Wie dargestellt, stützt sich die Bildung von Pauschalwertberichtigungen nicht wie die Bildung von Einzelwertberichtigungen auf nachweisbare, zumindest als Indizien erkennbare, spezielle Risikosituationen, sondern auf ein unspezifisches allgemeines Risiko, das jeder Kreditbeziehung immanent ist. Nach dem Wortlaut des § 253 Ab. 3 Satz 3 HGB muss die Bewertung jedoch auf „vernünftiger kaufmännischer Beurteilung" beruhen; folglich muss die Höhe der Abschreibung objektiv nachvollziehbar sein. Diese Bedingung kann dann als erfüllt gelten, wenn die zu erwartenden Forderungsausfälle auf statistischer Grundlage geschätzt werden, indem man für die überschaubare Vergangenheit die tatsächlichen Forderungsausfälle zum Forderungs-Schlussbestand des zu bilanzierenden Jahres hochrechnet.

Beispiel: (Beträge in T€; aus Vereinfachungsgründen wird hier ausnahmsweise mit einem Umsatzsteuersatz von 10% gerechnet.)

Geschäftsjahr	01	02	03	04	05	06 geschätzt
Schlussbestand Forderungen brutto (inkl. 10% USt)	737	748	704	781	825	
Schlussbestand Forderungen netto	670	680	640	710	750	
Forderungsausfälle netto		12,1	11,6	15,4	14,9	15,0
$\frac{\text{Forderungsausfälle } t_n}{\text{Ford.-SBt}_{n-1}}$ (in v.H.)		1,8	1,7	2,4	2,1	2,0

Da der Forderungsausfall im Durchschnitt der letzten Jahre 2% des vorangegangenen Schlussbestandes betragen hat, kann man aufgrund des Schlussbestandes am 31.12.05 in Höhe von netto T€ 750 mit etwa T€ 15 Forderungsausfall für 06 rechnen und zum 31.12.05 einen entsprechenden Pauschalwertberichtigungsbestand einrichten.

Buchung per 31.12.05, wenn erstmals eine Pauschalwertberichtigung gebildet wird:

695	Abschreibungen auf Forderungen	15.000	368	PWB zu Forderungen	15.000

Kontoabschluss:

368	PWB zu Ford.	15.000	801	SBK	15.000

6.3.7 Die Anpassung der Höhe der Pauschalwertberichtigungen an veränderten Bedarf

Lernziele:
• *Buchhalterische Beherrschung der Anpassung von Pauschalwertberichtigungen an veränderten Bedarf*

Die Pauschalwertberichtigung wird zum Beginn des folgenden Geschäftsjahres (01.01.06) als Passivbestand kontenmäßig eröffnet.

Konteneröffnung:

EBK	15.000	368	PWB zu Ford.	15.000

Veränderungen im Bestand der Pauschalwertberichtigungen sind zu buchen

(1) im Laufe des Geschäftsjahres, wenn ein Forderungsausfall eintritt,
(2) zum Jahresabschluss, wenn der Bestand in seiner Höhe einem verändertem Kreditrisiko angepasst werden muss.

Zu Fall (1): Bei einem tatsächlichen Forderungsausfall wird die Pauschalwertberichtigung in Anspruch genommen, also – unter gleichzeitiger Berichtigung der Umsatzsteuer – in Höhe des Ausfalls aufgelöst.

Beispiel:

Im Jahre 06 wird eine Forderung in Höhe von brutto € 1.972 uneinbringlich.

Buchung:

368	PWB zu Ford.	1.700	240	Forderungen	1.972
480	USt	272			

Zu Fall (2): Beispiel:

Variante (a): Am 31.12.06 wird das allgemeine Kreditrisiko für das Jahr 07 so eingeschätzt, dass mit einem Forderungsausfall in Höhe von brutto € 18.560 gerechnet werden muss. Der Pauschalwertberichtigungsbedarf am 31.12.06 ist somit € 16.000. Das Konto weist zur Zeit (Anfangsbestand € 15.000 abzüglich Auflösung durch (1) € 1.700) einen Bestand von € 13.300 aus. Also muss zur Deckung des geschätzten Bedarfs eine zusätzliche Pauschalwertberichtigung in Höhe von € 2.700 gebildet werden.

Buchung am 31.12.06:

695	Abschreibung Auf Forderungen	2.700	368	PWB zu Ford.	2.700

In der GuV-Rechnung wird diese Einstellung in die Pauschalwertberichtigung unter der Position „Sonstige betriebliche Aufwendungen" ausgewiesen (bei Aufstellung der GuV nach Gesamtkostenverfahren in Position 8, bei Aufstellung nach Umsatzkostenverfahren in Position 7).

S	695 Abschreibg./Forderungen		H
(2a) Einstellg. in PWB	2.700	Saldo	2.700
		↓ GuV	

S	368 PWB zu Ford.		H
(1) Auflösung	1.700	AB	15.000
SB (geschätzter Bedarf)	16.000	(2a) Einst. in PWB	2.700
↓ SBK			

Variante (b): Am 31.12.06 wird hinsichtlich des allgemeinen Kreditrisikos für das Jahr 07 eine positive Entwicklung erwartet. Es wird bei einem Forderungsbestand von netto € 620.000 lediglich mit einem Ausfall von 2%, also € 12.400 netto, gerechnet. Der derzeitige Bestand an Pauschalwertberichtigungen beträgt ebenso wie im Fall (2a) € 13.300; er übersteigt den Bedarf um € 900 und ist entsprechend herabzusetzen.

Buchung am 31.12.05:

368	PWB zu Ford.	900	545	Erträge/Forderungen	900

S	545 Erträge/Forderungen		H
Saldo	900	(2b) Erträge/ Forderungen (Herabs. PWB)	900
↓ GuV			

S	368 PWB zu Ford.		H
(1) Auflösg.	1.700	AB	15.000
(2b) Herab-Setzung PWB	900		
PWB-Bedarf (SB)	12.400		
↓ SBK			

Nach Handelsrecht erfolgt der Ausweis der Erträge aus der Zuschreibung von Forderungen bzw. Herabsetzung von Pauschalwertberichtigungen in der GuV-Rechnung unter der Position „Sonstige betriebliche Erträge" (bei Aufstellung nach Gesamtkostenverfahren in Position 4, nach Umsatzkostenverfahren in Position 6).

Aufgabe A6/7

Bilden Sie die Buchungssätze und buchen Sie diese auf folgende Konten (in Klammern die Summe der bereits gebuchten Beträge):

240	Forderungen	(Soll € 280.490; Haben € 211.500)
247	Zweifelhafte Forderungen	(Soll € 11.500; Haben -)
280	Bank	(Soll € 268.320; Haben € 239.180)
367	EWB zu Forderungen	(Soll –; Haben € 7.000)
368	PWB zu Forderungen	(Soll –; Haben € 3.000)
480	Umsatzsteuer	(Soll € 10.500, Haben € 13.500)
545	Erträge aus Forderungen	
695	Abschreibungen auf Forderungen	
802	GuV	nicht abschließen
801	SBK	nicht abschließen

Geschäftsvorfälle und Abschlussaufgaben:

1) Über das Vermögen eines Kunden wird das Insolvenzverfahren eröffnet. Unsere Forderung beträgt brutto € 9.976.
2) Bankeingang in Höhe von € 3.016 für eine Zweifelhafte Forderung in Höhe von brutto € 6.960, für die im Vorjahr eine Einzelwertberichtigung in Höhe von (netto) € 5.000 gebildet worden war.
3) Völlig überraschend fällt eine Forderung in Höhe von € 1.392 aus. Wegen des allgemeinen Kreditrisikos hatten wir im Vorjahr vorsorglich eine Pauschalwertberichtigung von € 3.000 gebildet.
4) Bewertung und indirekte Abschreibung auf die Insolvenzforderung (Fall 1); der Insolvenzverwalter erwartet eine Auszahlungsquote von nur 10%.
5) Wegen des allgemeinen Kreditrisikos schätzen wir den Pauschalwertberichtigungsbedarf auf € 2.500; die PWB sind diesem Bedarf anzupassen.

Lösung im Lösungsteil

6.4 Zeitliche Abgrenzung

6.4.1 Das Problem der zeitlichen Erfolgsabgrenzung

Lernziele:
• *Erkennen der Möglichkeit des zeitlichen Auseinanderklaffens von Zahlungsvorgang und Erfolgswirkung sowie Einsicht in die Notwendigkeit zur buchhalterischen Berücksichtigung eines solchen Sachverhalts*

Eine periodengerecht abgegrenzte Jahreserfolgsrechnung verlangt die verursachungsgerechte Zurechnung der Aufwendungen und Erträge zu dem Geschäftsjahr, in dem sie verursacht werden. In der Mehrzahl der Fälle sind Aufwendungen und Erträge mit Zahlungsvorgängen verbunden; sie führen zu Belegen und sind deshalb Anlass zur Buchung dieses Geschäftsvorfalles. Erfolgswirksame Geschäftsvorfälle werden daher üblicherweise in dem Zeitpunkt gebucht, in dem der mit ihnen zusammenhängende Zahlungsvorgang anfällt. Soweit der gebuchte Zahlungsvorgang und die zugehörige Erfolgswirkung im gleichen Geschäftsjahr liegen, ist die Jahreserfolgsrechnung korrekt. Wenn jedoch Zahlungsvorgang und Erfolgswirkung ganz oder teilweise unterschiedlichen Abrechnungszeiträumen zuzurechnen sind, bedarf es einer zeitlichen Erfolgsabgrenzung, um sicherzustellen, dass die Aufwendungen und Erträge in der Erfolgsrechnung des Geschäftsjahres wirksam werden, in dem sie verursacht werden.

Das Auseinanderklaffen von Zahlungsvorgang und Erfolgswirkung kann in vier Varianten auftreten:

(1) Zahlung erfolgt im laufenden Jahr im voraus für eine Erfolgswirkung im folgenden Jahr.

(a) Ausgabe im alten Jahr, Aufwand im neuen Jahr

31.12.

Ausgabe | Aufwand

Beispiel: Wir zahlen den Jahresbeitrag 02 an die Industrie- und Handelskammer bereits am 15.12.01.

(b) Einnahme im alten Jahr, Ertrag im neuen Jahr

31.12.

Einnahme | Ertrag

Beispiel: Wir erhalten Erträge aus Vermietung für das Jahr 02 bereits am 20.12.01 im voraus.

(2) Zahlung erfolgt nachträglich im folgenden Jahr für eine Erfolgswirkung im laufenden Jahr.

(a) Ertrag im alten Jahr, Einnahme im neuen Jahr

31.12.

Ertrag | Einnahme

Beispiel: Wir werden Provisionserträge für im Geschäftsjahr 01 von uns vermittelte Geschäftsabschlüsse erst im Januar 02 erhalten.

(b) Aufwand im alten Jahr, Ausgabe im neuen Jahr

31.12.

Aufwand | Ausgabe

Beispiel: Wir werden die Zinsen für Dezember 01 erst am 02.01.02 zahlen.

In den oben genannten Beispielen ist die **gesamte** Erfolgswirkung einem anderen Geschäftsjahr zuzurechnen als dem Jahr des Zahlungsvorgangs. Es kann jedoch auch eine nur **teilweise** zeitliche Inkongruenz in der Weise vorliegen, dass nur ein Teil der Erfolgswirkung einem anderen Abrechnungszeitraum zugerechnet werden muss. (Aus didaktischen Gründen wird in den nachfolgenden Beispielen die Umsatzsteuerproblematik ausgeklammert).

6.4.2 Transitorische Posten der Jahresabgrenzung (aktive und passive Rechnungsabgrenzungsposten)

Lernziele:
- *Beherrschen der Buchung von transitorischen Rechnungsabgrenzungsposten*
- *Kenntnis der Voraussetzungen für die Bildung von transitorischen Rechnungsabgrenzungsposten*

In den unter (1) genannten Beispielen erfolgt die Zahlung im voraus und gibt Anlass zur Buchung dieses Vorgangs, obwohl der damit verbundene Erfolg in das folgende Geschäftsjahr hinüberreicht. Die buchhalterische Aufgabe der zeitlichen Abgrenzung muss in diesen Fällen darin bestehen, trotz vorzeitiger Buchung des Aufwands oder Ertrags im alten Jahr deren Erfolgswirkung in das sie verursachende folgende Jahr hinübergehen zu lassen. Es müssen daher **„transitorische“** (transire (lat.) = hinübergehen) Posten der Jahresabgrenzung gebildet werden, d.h. **aktive** oder **passive Rechnungsabgrenzungsposten (RAP).**

Beispiel (a.1.):

Wir zahlen den Jahresbeitrag 02 in Höhe von € 2.000 an die IHK bereits am 15.12.01.

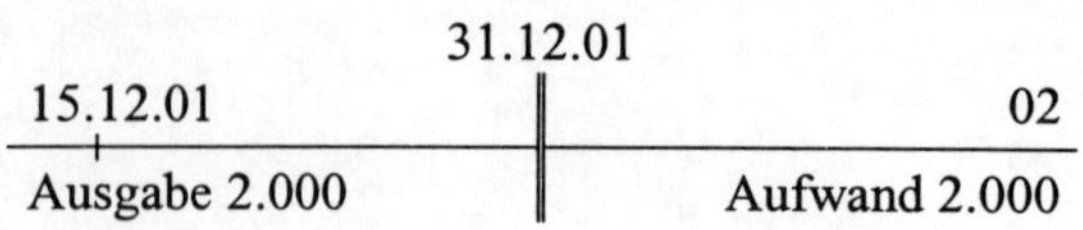

Buchung am 15.12.01 (bei Zahlung):

692	Beiträge	2.000	280	Bank	2.000

Da der gebuchte Aufwand trotz bereits erfolgter Ausgabe einen Werteverzehr des Jahres 02 darstellt, darf er die Erfolgsrechnung 01 nicht belasten. Er muss im Rahmen der Abschlussbuchung wieder neutralisiert werden und in das folgende Abrechnungsjahr hinübergebracht werden durch die Bildung eines aktiven Rechnungspostens.

Buchung am 31.12.01:

293	Aktive RAP	2.000	692	Beiträge	2.000

Nach Eröffnung der Konten im Jahr 02 hat der Rechnungsabgrenzungsposten seine Aufgabe erfüllt; er kann wieder aufgelöst werden unter gleichzeitiger Buchung des Aufwands, der diesem Jahr anteilig zuzurechnen ist.

Buchung zu Beginn des Jahres 02:

692	Beiträge	2.000	293	Aktive RAP	2.000

Beispiel (a.2.):

Wir zahlen die Vierteljahresmiete für die Monate Dezember 01 bis Februar 02 in Höhe von € 6.000 (€ 2.000 pro Monat) vertragsgemäß im voraus am 01.12.01.

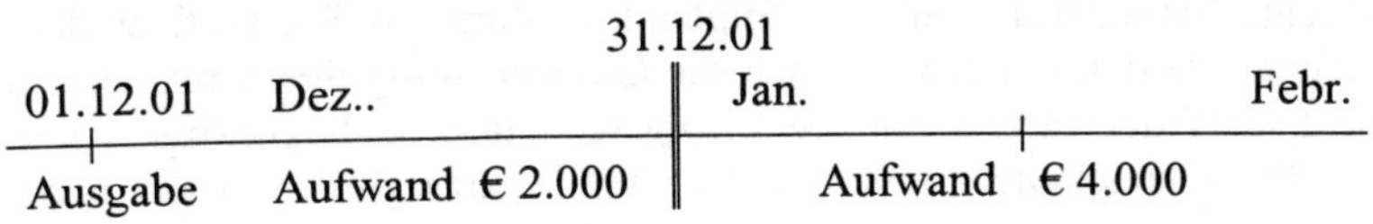

Buchung am 01.12.01 (bei Zahlung):

670	Mietaufwendungen	6.000	280	Bank	6.000

Am Jahresende ist lediglich der Aufwand für Januar und Februar (€ 4.000) abzugrenzen; die Miete für Dezember (€ 2.000) muss der Erfolgsabrechnung des abzuschließenden Geschäftsjahres angelastet werden.

Buchung am 31.12.01:

293	Aktive RAP	4.000	670	Mietaufwendungen	4.000

S 670 Mietaufwendungen H

01.12.	6.000	31.12.	4.000
		Saldo	2.000

↓ GuV 01

S 293 Aktive RAP H

31.12.	4.000	Saldo	4.000

↓ SBK 01

Buchung im Januar 02:

670	Mietaufwendungen	4.000	293	Aktive RAP	4.000

S 670 Mietaufwendungen H

Jan. 02	4.000	Saldo	4.000

↓ GuV 02

S 293 Aktive RAP H

AB	4.000	Jan 02	4.000

Konto ausgeglichen

Beispiel (b.1.):

Wir erhalten Erträge aus Vermietung für das Jahr 02 in Höhe von € 5.000 bereits am 20.12.01 im voraus.

Buchung am 20.12.01 (bei Zahlungseingang):

280	Bank	5.000	540	Mieterträge	5.000

Da der gebuchte Ertrag trotz bereits erfolgter Einnahme als Wertzufluss dem Jahr 02 zugerechnet werden muss, weil auch die Gegenleistung durch uns erst in 02 erbracht wird, darf der Ertrag erst die Erfolgsrechnung 02 begünstigen. Die bereits erfolgte Ertragsbuchung muss am Jahresende korrigiert werden unter gleichzeitiger Bildung eines passiven Rechnungsabgrenzungspostens.

Buchung am 31.12.01:

540	Mieterträge	5.000	490	Passive RAP	5.000

Zu Beginn 02 wird der passive Rechnungsabgrenzungsposten aufgelöst unter gleichzeitiger Buchung des Ertrags für 02.

Buchung zu Beginn des Jahres 02:

490	Passive RAP	5.000	540	Mieterträge	5.000

Beispiel (b.2.):

Wir erhalten die Vierteljahresmiete für die Monate Dezember 01 bis Februar 02 in Höhe von € 4.500 (€ 1.500 pro Monat) vertragsgemäß im voraus am 01.12.01.

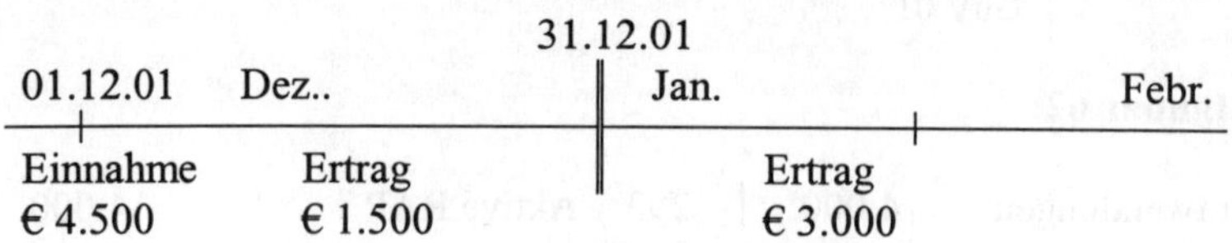

Buchung am 01.12.01 (bei Zahlungseingang):

280	Bank	4.500	540	Mieterträge	4.500

Am Jahresende ist der Ertrag für Januar und Februar (€ 3.000) abzugrenzen, damit nur der Ertrag für Dezember (€ 1.500) in die Erfolgsrechnung des abzuschließenden Jahres einfließt.

Buchung am 31.12.01:

540	Mietertäge	3.000	490	Passive RAP	3.000

S	540 Mieterträge		H
31.12.	3.000	1.12.	4.500
Saldo	1.500		

↓
GuV 01

S	490 Passive RAP		H
Saldo	3.000	31.12	3.000

↓
SBK

Buchung im Januar 02:

490	Passive RAP	3.000	540	Mieterträge	3.000

S	490 Passive RAP		H
Jan 02	3.000	AB	3.000

Konto ausgeglichen

S	540 Mieterträge		H
Saldo	3.000	Jan 02	3.000

↓
GuV 02

Da die Bildung von aktiven und passiven Rechnungsabgrenzungsposten aufgrund ihrer erfolgsabgrenzenden und bilanziellen Wirkung den Erfolgs- und Bilanzausweis beeinflusst, dürfen transitorische Posten der Jahresabgrenzung nur unter bestimmten Voraussetzungen ausgewiesen werden. Gemäß § 250 HGB sind aktive bzw. passive Rechnungsabgrenzungsposten auszuweisen, wenn folgende Voraussetzungen gegeben sind:

(1) Ausgaben bzw. Einnahmen „**vor** dem Abschlussstichtag" (präziser müsste es heißen „vor Abschluss des Abschlussstichtages", also unter Einbeziehung des Abschlussstichtages selbst), jedoch
(2) Aufwands- bzw. Ertragswirkung **nach** dem Abschlussstichtag,
(3) die Erfolgswirkung betrifft ein **bestimmte** Zeit nach dem Abschlussstichtag.

Durch die letztgenannte Voraussetzung wird im Interesse einer vorsichtigen Bilanzierung verhindert, dass z.B. Werbeausgaben mit einer zeitlich unbestimmten Erfolgswirkung aktiviert werden und die Bilanz dadurch ein zu positives Bild von der Vermögenslage abgibt. Auf der anderen Seite besteht jedoch, wenn die Voraussetzungen erfüllt sind, Bilanzierungspflicht für Rechnungsabgrenzungsposten, wenn dies für einen sicheren Einblick in die Vermögens- und Ertragslage des bilanzierenden Unternehmens erforderlich ist.

Zusätzlich darf gemäß § 250 Abs. 3 HGB das Disagio (die Differenz von Rückzahlungsbetrag zum (niedrigeren) Ausgabebetrag bei Verbindlichkeiten, insbesondere bei Anleihe- und Hypothekenverbindlichkeiten) als Sonderfall der aktiven Rechnungsabgrenzungsposten gesondert in der Bilanz oder im Anhang ausgewiesen werden (§ 286 Abs. 6 HGB); vgl. hierzu Teil B: Bilanzierung.

6.4.3 Antizipative Posten der Jahresabgrenzung (Sonstige Forderungen und sonstige Verbindlichkeiten)

Lernziele:
• *Beherrschen der Buchung von sonstigen Forderungen und sonstige Verbindlichkeiten*

In den im einleitenden Abschnitt 6.4.1 unter (2) genannten Beispielen erfolgen nachträgliche Zahlungen im nachfolgenden Geschäftsjahr für Erfolgsvorgänge des laufenden Geschäftsjahres. Im laufenden Geschäftsjahr gibt somit kein Zahlungsvorgang Anlass zur Buchung. Zur korrekten Erfolgsabgrenzung müssen die Erfolgsvorgänge den späteren Zahlungsvorgängen antizipiert werden, damit die Erfolgsrechnung des laufenden Jahres mit den Aufwendungen belastet und mit den Erträgen begünstigt wird, die unter Verursachungsgesichtspunkten dem laufenden Geschäftsjahr zugerechnet werden müssen; hierzu bildet man **„antizipative" Posten der Jahresabgrenzung**.

Beispiel (a.1.):

Wir werden Provisionserträge in Höhe von € 1.000 für im Jahre 01 erbrachte Vermittlungsleistungen erst am 10.01.02 erhalten. (Die Umsatzsteuer soll hier aus didaktischen Gründen vernachlässigt werden.)

01	31.12.01	10.01.02
Ertrag 1.000		Einnahme 1.000

Dieser Vorgang muss noch als Ertrag des Jahres 01 in der GuV-Rechnung ausgewiesen werden. Zudem besteht am Bilanzstichtag bereits ein Zahlungsanspruch in Form einer Geldforderung, der als sonstige Forderung in einem besonderen Konto der Gruppe 26 gebucht wird.

266	Sonst. Forderungen	1.000	541	Sonstige Erlöse	1.000

S	266 Sonst. Forderungen		H
31.12.	1.000	Saldo	1.000

↓ SBK 01

S	541 Sonst. Erlöse		H
Saldo	1.000	31.12.	1.000

↓ GuV 01

Im folgenden Geschäftsjahr wird das Konto 266 Sonstige Forderungen, nachdem es mit einem Anfangsbestand von € 1.000 eröffnet worden ist, bei Zahlungseingang wieder ausgeglichen.

Buchung am 10.01.02 (bei Zahlungseingang):

280	Bank	1.000	266	Sonstige Ford.	1.000

Beispiel (a.2.):

Wir werden die Vierteljahresmiete für die Monate Dezember 01 bis Februar 02 in Höhe von € 3.600 (€ 1.200,- pro Monat) vertragsgemäß erst am 15.01.02 erhalten.

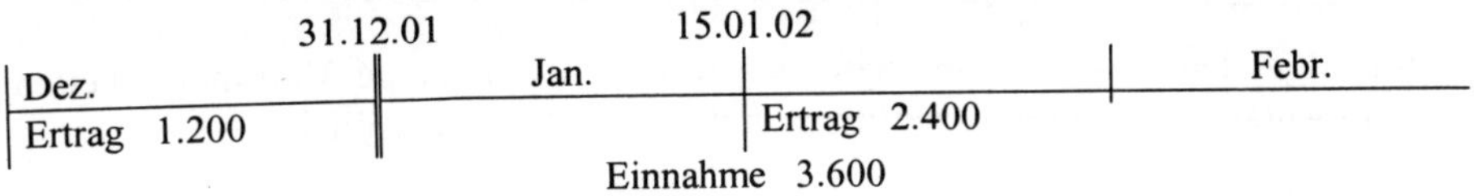

Der Gewinn- und Verlustrechnung des laufenden Jahres ist nur die Dezembermiete (€ 1.2) als Ertrag zuzurechnen, während die Mieten für Januar und Februar Erträ des folgenden Jahres darstellen; daher ist nur die Dezembermiete als Erfolg zu antizipieren.

Buchung am 31.12.01:

266	Sonst. Forderungen	1.200,-	540	Mieterträge	1.200,-

S	266 Sonst. Forderungen		H
31.12.	1.200,-	Saldo	1.200,-

↓ SBK 01

S	540 Mieterträge		H
Saldo	1.200,-	31.12.	1.200,-

↓ GuV 01

Buchung am 15.01.02 (bei Zahlungseingang):

280	Bank	3.600	266	Sonst. Forderungen	1.200
			540	Mieterträge	2.400

S	266 Sonst. Forderungen		H
AB	1.200	15.01.	1.200

Konto ausgeglichen

S	540 Mieterträge		H
Saldo	2.400	15.01.	2.400

↓ GuV 02

Beispiel (b.1.):

Wir werden die Zinsen für Dezember 01 (€ 500) erst am 02.01.02 zahlen.

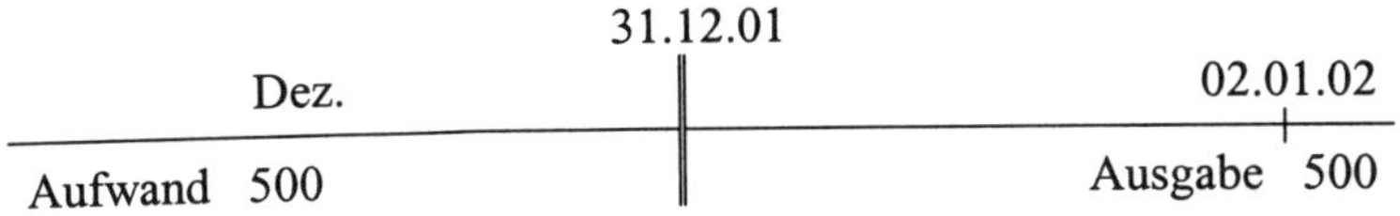

Die Zinsen für Dezember müssen als Aufwand in die Erfolgsrechnung des laufenden Jahres eingehen, also der Ausgabe antizipiert werden.

Buchung am 31.12.01:

751	Zinsaufwendungen	500	489	Sonst. Verbindlichk.	500

S	751 Zinsaufwendungen		H
31.12.	500	Saldo	500

↓ GuV 01

S	489 Sonst. Verbindlichkeiten		H
Saldo	500	31.12.	500

↓ SBK 01

Im folgenden Geschäftsjahr wird das Konto 489 Sonstige Verbindlichkeiten mit dem Anfangsbestand € 500 eröffnet und bei Zahlung ausgeglichen.

Buchung am 02.01.02 (bei Zahlung):

489	Sonst. Verbindlichk.	500	280	Bank	500

Beispiel (b.2.):

Wir werden die Vierteljahresmiete für die Monate Dezember 01 bis Februar 02 in Höhe von € 3.300 (€ 1.100 pro Monat) vereinbarungsgemäß erst am 15.01.02 zahlen.

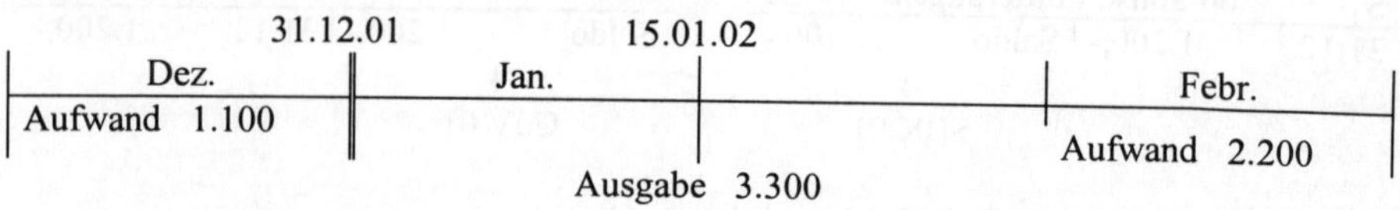

In diesem Fall ist nur die Miete für Dezember als Aufwand des laufenden Jahres zu antizipieren; die Miete für Januar und Februar muss die GuV des folgenden Jahres belasten.

Buchung am 31.12.01:

670	Mietaufwendungen	1.100	489	Sonst. Verbindlichk.	1.100

S	670 Mietaufwendungen		H
31.12.	1.100	Saldo	1.100

↓ GuV 01

S	489 Sonst. Verbindlichkeiten		H
Saldo	1.100	31.12	1.100

↓ SBK 01

Buchung am 15.01.02 (bei Zahlung):

489	Sonst. Verbindlichk.	1.100	280	Bank	3.300
670	Mietaufwendungen	2.200			

S	670 Mietaufwendungen		H
15.01.	2.200	Saldo	2.200

↓ GuV 02

S	489 Sonst. Verbindlichkeiten		H
15.01.	1.100	AB	1.100

Konto ausgeglichen

6.4.4 Übersicht über die Posten der Jahresabgrenzung

Lernziele:

- *Fähigkeit zur Unterscheidung von transitorischen und antizipativen Posten der Jahresabgrenzung*
- *Fähigkeit zur Bildung von Beispielen für Posten der Jahresabgrenzung*

Konten	laufendes Jahr	folgendes Jahr	Beispiele
Transitorische RAP	Zahlungsvorgang	Erfolgsvorgang	
293 Aktive RAP	Ausgabe	Aufwand	Miete, Provisionen, Zinsen, Beiträge, Versicherungsbeitrag, Kfz-Steuer, Gehälter
490 Passive RAP	Einnahme	Ertrag	Miete, Provisionen, Zinsen
Antizipative RAP	Erfolgsvorgang	Zahlungsvorgang	
266 Sonst. Ford.	Ertrag	Einnahme	Miete, Provisionen, Zinsen
489 Sonst. Verb.	Aufwand	Ausgabe	Miete, Provisionen, Zinsen, Steuern, Gehälter

Aufgabe A6/8:

Am Abschlussstichtag weisen die Konten u.a. folgende Beträge (in €) aus:

		Soll	Haben
540	Mieterträge	-	840
571	Zinserträge	-	410
670	Mietaufwendungen	5.850	-
690	Versicherungsprämien	2.360	-
700	Gewerbesteuer	1.860	-
751	Zinsaufwendungen	8.040	-

Außerdem sind folgende Konten abzuschließen:

266	Sonstige Forderungen
293	Aktive RAP
489	Sonstige Verbindlichkeiten
490	Passive RAP

Die Konten 802 GuV, 801 SBK sind zu führen, aber nicht abzuschließen.

Folgende Angaben sind noch zu berücksichtigen; dabei soll eine etwaige Umsatzsteuer vernachlässigt werden:

1) Die Miete für eine Lagerhalle in Höhe von € 1.350 für die Monate November bis Januar haben wir am 1.12. bezahlt und bereits gebucht.
2) Die Darlehenszinsen für das 4. Quartal in Höhe von € 2.680 sind am 31.12. noch nicht belastet worden.
3) Die Kfz-Versicherung in Höhe von € 504, die wir vertragsgemäß am 15.11. überwiesen haben, gilt für ein Jahr im voraus.
4) Fällige Verzugszinsen in Höhe von € 257 gegenüber unseren Schuldnern sind von uns noch nicht in Rechnung gestellt worden.
5) Für eine vermietete Garage sind Ende Dezember € 180 als Miete für Dezember bis Februar eingegangen und bereits gebucht.
6) Die am 15.11. fällige Gewerbesteuerschuld in Höhe von € 620 ist uns gestundet worden und noch nicht gebucht.

↳ Verbindlichkeit auf Ziel

Lösung im Lösungsteil

Aufgabe A6/9:

Zu Beginn des Jahres sind u.a. folgende Konten mit den angegebenen Anfangsbeständen eröffnet worden (alle Beträge in €):

266	Sonstige Forderungen	AB	257
280	Bank	AB	8.210
290	Aktive RAP	AB	891
489	Sonstige Verbindlichkeiten	AB	3.399
490	Passive RAP	AB	120

Die Konten sind – soweit erforderlich – über 801 SBK abzuschließen.

Außerdem sind folgende Konten zu führen und über 802 GuV abzuschließen:

540 Mieterträge
670 Mietaufwendungen
690 Versicherungsprämien.

Folgende Angaben und Vorgänge sind zu buchen:

1) Die aktiven RAP sind aufzulösen;
sie waren im vergangenen Jahr gebildet worden für
im voraus gezahlte Versicherungsprämien € 441,
im voraus gezahlte Miete € 450.
2) Die passiven RAP sind aufzulösen;
sie waren im vergangenen Jahr gebildet worden für
im voraus erhaltene Miete € 120.
3) Unser Bankkonto wird mit Darlehenszinsen für das 4. Quartal des vergangenen Jahres in Höhe von € 2.680 belastet.
4) Verzugszinsen für das vergangene Jahr in Höhe von € 257 gehen auf Bankkonto ein.
5) Wir zahlen durch Banküberweisung die im vergangenen Jahr fällige, aber gestundete Gewerbesteuer in Höhe von € 620.

Lösung im Lösungsteil

6.5 Rückstellungen

Lernziele:
• *Fähigkeit zur Unterscheidung zwischen Rückstellung und Verbindlichkeiten* • *Fähigkeit zur Buchung und Bildung von Rückstellungen*

Rückstellungen dienen, ebenso wie die soeben behandelte Antizipation von Aufwendungen mit Hilfe der Bestandsbuchung „sonstige Verbindlichkeit“, der zeitlichen Erfolgsabgrenzung.

Rückstellungen unterscheiden sich jedoch insofern von den antizipativen Rechnungsabgrenzungsposten, als die Höhe und Fälligkeit der Verbindlichkeit zum Bilanzierungszeitpunkt noch ungewiss sind. Wegen der Ungewissheit wird anstelle einer sonstigen Verbindlichkeit eine Rückstellung in geschätzter Höhe gebucht. Die Bildung eines solchen Passivpostens für ungewisse Verbindlichkeiten ist nach dem Vorsichtsprinzip der Bilanzierung erforderlich.

Auf der anderen Seite führt die Buchung einer ungewissen Verbindlichkeit zukünftiger Abrechnungsperioden bereits im laufenden Geschäftsjahr zu einer Aufwandsbuchung. Dadurch wird in der laufenden Periode der ausgewiesene Erfolg gemindert, - mit möglichen weiteren Folgen für die Höhe der Ertragsteuern und die Gewinnausschüttungserwartung. Wegen dieser Wirkungen ist die Zulässigkeit der Bildung von Rückstellungen begrenzt, und zwar für die Handelsbilanz auf die in § 249 HGB genannten Fälle und für die Steuerbilanz grundsätzlich auf die nach Handelsrecht passivierungs**pflichtigen** Rückstellungen.

Passivierungsgebot besteht gemäß § 249 HGB für Rückstellungen für

- ungewisse Verbindlichkeiten;
  - das sind Verpflichtungen, deren Grund und/oder Höhe unsicher ist, z.B. zu erwartende Steuernachzahlungen;
    Rekultivierungsverpflichtungen bei abgebauten Kiesgruben;
    Verpflichtungen aus der Produzentenhaftung;
    (nach dem 31.12.86) zugesagte Pensionsverpflichtungen;
    Verpflichtung zur Altlasten-Sanierung gemäß Abfallbeseitigungsgesetz;
    Schadensersatzverpflichtung infolge der Verletzung gewerblicher Schutzrechte
    u.a.m.

- drohende Verluste aus schwebenden Geschäften;
  - das sind ernsthaft drohende Verluste aus noch nicht erfüllten Leistungsverpflichtungen; sie sind dann zu erwarten, wenn der Wert der eigenen Leistung aus einem schwebenden Geschäft den Wert der Gegenleistung übersteigt,
    z.B.: bei einem Terminkaufgeschäft ist (am Bilanzstichtag) der Wert der noch abzunehmenden Vermögenswerte (infolge gesunkener Marktpreise) niedriger als der vereinbarte Kaufpreis;

bei einem Absatzgeschäft ist (am Bilanzstichtag) der Wert des zu liefernden Vermögensgegenstandes (bewertet zu Herstellungskosten) höher als der vereinbarte Kaufpreis;
bei Dauerschuldverhältnissen, wenn z.B. ein Arbeitgeber gesetzliche Ausgleichszahlungen gemäß Mutterschutz zu leisten hat, ohne dass eine Arbeitsleistung erbracht wird.

- im Geschäftsjahr unterlassene Aufwendungen für Instandhaltung, die im folgenden Geschäftsjahr innerhalb von drei Monaten nachgeholt werden, oder für Abraumbeseitigung, die im folgenden Geschäftsjahr nachgeholt werden;
  - das sind Aufwendungen für Instandhaltung, die unter normalen Umständen bereits vor dem Bilanzstichtag geboten gewesen wäre, aber aus (egal, welchen) Gründen verschoben worden sind.

- Gewährleistungen, die **ohne** rechtliche Verpflichtung erbracht werden (Kulanzgewährleistungen);
  - Gewährleistungen **mit** rechtlicher (z.B. gesetzlicher oder vertraglicher) Verpflichtung sind ohnehin gemäß § 249 Abs. 1 Satz 1 als ungewisse Verbindlichkeiten rückstellungspflichtig. Das in § 249 Abs. 1 Satz 2 Nr. 2 gesondert genannte Rückstellungsgebot für Kulanzgewährleistungen stellt auf solche Leistungen ab, denen sich ein ordentlicher Kaufmann trotz fehlender Rechtsgrundlage aus geschäftlichem Interesse nicht entziehen kann, ohne seinem Ruf Schaden zuzufügen.

Die Rückstellungen für unterlassene Instandhaltung und für Kulanzgewährleistungen sind erst durch das Bilanzrichtlinien-Gesetz von 1985 passivierungspflichtig geworden (vorher Rückstellungswahlrecht). Damit sollte die steuerliche Anerkennung sichergestellt werden, die im Regelfall handelsrechtliche Passivierungs**pflicht** voraussetzt.

Passivierungswahlrecht besteht gemäß § 249 Abs. 1 Satz 3 und Abs. 2 HGB für Rückstellungen für

- unterlassene Aufwendungen für Instandhaltung, die zwar im folgenden Geschäftsjahr, aber nicht in den ersten drei Monaten nachgeholt werden;

- ihrer Eigenart nach genau umschriebene, dem Geschäftsjahr oder einem früheren Geschäftsjahr zuzuordnende Aufwendungen, die am Abschlussstichtag wahrscheinlich oder sicher, aber hinsichtlich ihrer Höhe oder des Zeitpunktes ihres Eintritts unbestimmt sind.
  - Die zuletzt genannten Aufwandsrückstellungen sind betriebswirtschaftlich problematisch, weil sie schwer einzugrenzen und in ihrer Höhe oft sehr unsicher sind.
    Sinn der Zulässigkeit der Bildung solcher Aufwandsrückstellungen ist die Vorsorge für konkrete künftige Aufwendungen, die zwar regelmäßig, aber nur alle paar Jahre zu Ausgaben führen, die dann allerdings das Ergebnis erheblich belasten und einem periodengerechten Erfolgsausweis entgegenstehen. Zu denken ist z.B. an Großreparaturen und

Generalüberholungen, die zyklisch wiederkehrend alle paar Jahre an Anlagen vorgenommen werden müssen. Da ihre Ursache im permanenten Einsatz über die seit der letzten Generalüberholung vergangenen Nutzungszeit liegt, können die Reparaturausgaben sinnvoller Weise anteilig auf die Nutzungsjahre verteilt werden, in denen infolge der Nutzung Erlöse erzielt wurden. Unzulässig wären dagegen z.B. Rückstellungen für spätere Ausgaben, die erst künftig zu Erträgen führen werden, wie z.B. unterlassene, für die Zukunft geplante Werbekampagnen oder Forschungsvorhaben.

Für finanzwirtschaftliche Betrachtungen haben insbesondere Rückstellungen für betriebliche Pensionsverpflichtungen eine sehr große Bedeutung wegen ihrer langfristigen Wirkung und wegen ihrer z.T. außerordentlichen Höhe von 20-30% der Bilanzsumme.

Zur Vertiefung der Bilanzansatz- und Bewertungsprobleme von Rückstellungen wird auf Teil B: Bilanzierung verwiesen. Hier ist im folgenden lediglich die **buchhalterische** Behandlung der Bildung und Auflösung von Rückstellungen aufzuzeigen.

Generell lautet die Buchung für die Bildung einer Rückstellung:

per Aufwandskonto an Rückstellungen

Beispiel 1:
Wir erwarten für das laufende Geschäftsjahr eine Verpflichtung zur Gewerbesteuernachzahlung in Höhe von etwa € 1.000.

Buchung am 31.12.:

770	Gewerbesteuern	1.000	38	Steuerrückstellungen	1.000

Fortsetzung Beispiel 1:

Im folgenden Jahr geht der Steuerbescheid ein; die Nachforderung beträgt € 800.

Damit wird die Rückstellung teilweise in Anspruch genommen und aufgelöst; der über die tatsächliche Inanspruchnahme hinausgehende Betrag muss als Ertrag gebucht werden, um die im vergangenen Jahr überhöhte Aufwandsbuchung zu korrigieren.

Buchung bei Inanspruchnahme:

38	Steuerrückstellungen	1.000	280	Bank	800
			548	Erlöse aus der Auflösung von Rückstellungen	200

Der nicht benötigte Teil der Rückstellung wird also über die GuV erfolgswirksam aufgelöst.

Beispiel 2:

Für Gewährleistungsverpflichtungen wird eine Rückstellung von € 2.000 gebildet.

Da zu diesem Zeitpunkt noch nicht genau bekannt ist, welche Aufwandsart bei einer Inanspruchnahme der Rückstellung betroffen sein wird (in diesem Falle wären z.B. Personalaufwendungen, verschiedene Materialaufwendungen etc. denkbar), wird die Bildung der Rückstellung über das Aufwandskonto 698 „Zuführungen zu Rückstellungen" gebucht.

Buchung am 31.12.:

698	Zuführungen zu Rückstellungen	2.000	39	Sonstige Rückstellungen	2.000

Wird die Garantieleistung im folgenden Jahr in Anspruch genommen oder ist die Garantiefrist ohne Inanspruchnahme verstrichen, wird die nicht verbrauchte Rückstellung erfolgswirksam aufgelöst durch die Buchung:

per 39 Sonstige Rückstellungen an 548 Erträge/Rückstellungen

Aufgabe A6/10:

Kontenplan und vorläufige Summenbilanz (Beträge in €):

		Soll	Haben
05	Gebäude	320.000	-
07	Maschinen	180.000	-
084	Fuhrpark	72.000	-
2000	Rohstoffe	381.400	358.100
2002	EPK/Rohstoffe	-	2.000
202	Hilfsstoffe	46.800	-
210	Unfertige Erzeugnisse	163.500	-
220	Fertige Erzeugnisse	139.100	-
240	Forderungen	1.075.320	997.948
247	Zweifelhafte Forderungen	4.640	-
260	Vorsteuer	54.700	49.500
265	Forderungen/Mitarbeiter	16.800	11.000
280	Bank	1.160.800	1.139.270
288	Kasse	67.900	64.100
293	Aktive RAP	-	-
3000	Eigenkapital	-	310.000
3001	Privat	41.400	-
361	WB/Sachanlagen	-	129.900
367	EBW/Forderungen	-	3.400
368	PWB/Forderungen	-	1.900
38	Steuerrückstellungen	-	-
39	Sonstige Rückstellungen	3.100	4.800
425	Langfrist. Bankschulden	39.500	226.700
44	Verbindlichkeiten	882.358	928.000
480	Umsatzsteuer	128.900	137.600
483	Verbindl./Finanzbehörden	50.800	50.800
484	Verbindl./Sozialversicherung	117.600	117.600
5000	Umsatzerlöse	3.600	1.291.700
5001	Erlöskorrekturen	8.800	-
52	Bestandsveränderungen	-	-
545	Erträge/Forderungen	-	-
5462	Erträge/Abgang Sachanlagen	-	11.100
548	Erträge/Rückstellungen	-	-
600	Rohstoffaufwendungen	356.700	-
602	Hilfsstoffaufwendungen	-	-
63	Gehälter	367.100	-
64	Soziale Abgaben	58.300	-
652	Abschreibungen/Sachanlagen		-
670	Mietaufwendungen	54.400	-
695	Abschreibungen/Forderungen	4.100	-
6963	Verluste/UV	2.900	-
700	Gewerbesteuer	14.100	-
751	Zinsaufwendungen	18.800	-

802	GuV	-	-
801	SBK	-	-
		5.835.418	5.835.418

Vor dem Abschluss der Konten sind noch folgende Geschäftsvorfälle und Abschlussaufgaben zu buchen:

Geschäftsvorfälle:		€
1)	Ein Kunde beantragt die Eröffnung eines Insolvenzverfahrens; unsere Forderung beträgt	1.160
2)	Verkauf eines gebrauchten PKW gegen Bankscheck	5.900
	+ USt	944
	(AK 24.000; Wertberichtigung 19.200)	
3)	Gutschriftanzeige von Rohstofflieferant wegen unserer Mängelrüge (inkl. USt)	928
4)	Banküberweisung für Gehälter, brutto	42.860
	einbehaltene Gehaltsvorschüsse	2.600
	einbehaltene Lohnsteuer	7.910
	einbehaltene Sozialversicherung	8.572
	Arbeitgeberanteil zur Sozialversicherung	8.572
5)	Nach Abschluss eines Insolvenzverfahrens gehen auf Bankkonto ein	812
	Auf die Zweifelhafte Forderung in Höhe von brutto	4.640
	hatten wir eine Einzelwertberichtigung gebildet in Höhe von 85% der Nettoforderung	
6)	Ein Kunde begleicht seine Verbindlichkeit in Höhe von abzüglich 2% Skonto durch Banküberweisung	5.800
7)	Rohstoffverbrauch lt. Materialentnahmeschein	470
8)	Privatentnahme bar	2.000
9)	Banküberweisung an Gerichtskasse für Prozesskosten in Höhe von	530
	Eine im vergangenen Jahr hierfür gebildete Rückstellung in Höhe von € 600 ist aufzulösen.	
10)	Wir überweisen Miete vom Bankkonto	1.200

Abschlussaufgaben:

1) Auf den Nettobetrag der Zweifelhaften Forderung (Geschäftsvorfall 1) wird eine Einzelwertberichtigung in Höhe von 60% gebildet.
2) Bezüglich des zweifelfrei erscheinenden Forderungsbestandes halten wir eine Pauschalwertberichtigung in Höhe von 3% für angemessen; die Höhe der PWB ist diesem geschätzten Bedarf anzupassen.
3) Die Mietzahlung (Geschäftsvorfall 10) wird für den Monat Januar des folgenden Jahres geleistet.

4) Für die zu erwartende Gewerbesteuernachzahlung wird eine Rückstellung in Höhe von € 800 gebildet.

5) Abschreibungen

auf Gebäude (direkt) 2% von den AK	450.000
auf Maschinen (indirekt) 20% vom Buchwert	120.000
auf Fuhrpark (indirekt) 16 2/3% von den AK	72.000

6) Schlussbestände lt. Inventur:

Hilfsstoffe	3.600
(Der Hilfsstoffverbrauch ist zu ermitteln und als Aufwand umzubuchen)	
Unfertige Erzeugnisse	167.100
Fertigerzeugnisse	124.800
Kasse	1.700
(Die Kassendifferenz ist abzuschreiben)	

Die übrigen Buchbestände stimmen mit den Inventurwerten überein.

Lösung im Lösungsteil

7. Kapitel: Die Betriebsübersicht

Lernziele:
• *Einsicht in die Vorteilhaftigkeit der Aufstellung einer Betriebsübersicht* • *Kenntnis des formalen Aufbaus einer Betriebsübersicht* • *Fähigkeit zur Erstellung einer Betriebsübersicht*

Infolge der Vielzahl der zu buchenden Geschäftsvorfälle ist die Gefahr groß, Buchungs- und Rechenfehler zu begehen, die zu einem unausgeglichenen fehlerhaften Ergebnis im Schlussbilanzkonto führen. Es ist daher sinnvoll, zur Kontrolle und zur Einengung der Fehlerbereiche eine Art Probebilanz durchzuführen. Zu diesem Zweck kann man, bevor die Konten formgerecht abgeschlossen werden, eine tabellarische Übersicht erstellen, eine sogenannte **Betriebsübersicht**.

Mit Hilfe einer Betriebsübersicht lassen sich auch relativ einfach zu jedem beliebigen Zeitpunkt Zwischenabschlüsse erstellen und aus den darin enthaltenen unsaldierten Daten Aussagen über die betriebliche Entwicklung gewinnen, die aus der Bestandsgegenüberstellung der Jahresabschlussbilanz nicht mehr hervorgehen.

Als sogenannte **Hauptabschlussübersicht** erfüllt die Abschlusstabelle in etwas veränderter Form zugleich die verminderten Anforderungen der Steuerbehörden zur Ermittlung des Gewinns aus Gewerbebetrieben.

Für betriebsinterne Zwecke besteht die Betriebsübersicht üblicherweise aus sechs Doppelspalten (vgl. Beispiel S. 126).

Die bis zum Abschlusszeitpunkt in den einzelnen Konten gebuchten Beträge werden getrennt nach Soll und Haben addiert und saldiert als Summe in die **Summenbilanz** übertragen. Wenn in den Konten stets im Soll und Haben gleiche Beträge gebucht worden sind, müssen in der Summenbilanz die Sollsumme und die Habensumme gleich sein. Ist dies nicht der Fall, muss ein Buchungs- oder Rechenfehler enthalten sein, der aufgedeckt werden muss. Umgekehrt sind gleiche Summen auf beiden Seiten nicht hinreichender Beweis, sondern nur notwendige Voraussetzung für stets korrekte Buchung; denn gleiche Fehler oder Nichtbuchung auf beiden Kontenseiten können durch diese Summenkontrolle nicht aufgedeckt werden.

Für die **Saldenbilanz I** werden aus der Summenbilanz die Salden der einzelnen Konten ermittelt. Sie werden jedoch nicht – wie im Konto – zum Ausgleich auf die kleinere Kontoseite geschrieben, sondern als Überschuss der umsatzgrößeren über die kleinere Seite interpretiert und daher auf die größere Seite übertragen.

In der Spalte **Umbuchungen** werden nach den gleichen buchhalterischen Regeln wie in den Konten die vorbereitenden Abschlussbuchungen durchgeführt. Hierzu gehören zwei Komplexe:

(1) Abschluß der Unterkonten über die zugehörigen übergeordneten Konten, also gegebenenfalls die Umbuchung der Salden

von Konto...		→	auf Konto...	
2001	Bezugskosten	→	2000	Rohstoffe
2002	Einstandspreis-korrekturen			

(analog 202 Hilfsstoffe, 203 Betriebsstoffe)

260	Vorsteuer	→	480	Umsatzsteuer
3001	Privatkonto	→	3000	Eigenkapital
5001	Erlöskorrekturen	→	5000	Umsatzerlöse

(2) Buchungen zur Erfolgsabgrenzung im weiteren Sinne:

- Abschreibungen auf Anlagen,
- Abschreibungen auf Forderungen,
- andere Verluste im Umlaufvermögen, z.B. Kassendifferenzen,
- zeitliche Abgrenzung (aktive und passive Rechnungsabgrenzungsposten, sonstige Forderungen und sonstige Verbindlichkeiten),
- Bildung von Rückstellungen,
- Umbuchung des ermittelten Verbrauchs an Roh-, Hilfs- und Betriebsstoffen von den Bestandskonten der Klasse 2 auf die zugehörigen Aufwandskonten in Klasse 6, (bei indirekter Ermittlung des Materialverbrauchs aus den Inventurbeständen)
- Umbuchung der Bestandsveränderungen an unfertigen und fertigen Erzeugnissen aus Konto 210 und 220 auf das Erfolgskonto 52 Bestandsveränderungen.

Diese Abschlußbuchungen in der Umbuchungsspalte werden nach den üblichen Regeln der Buchhaltung ausgeführt.

Unter dieser Voraussetzung ergibt sich die **Saldenbilanz II** als Summe aus Saldenbilanz I und Umbuchungen:

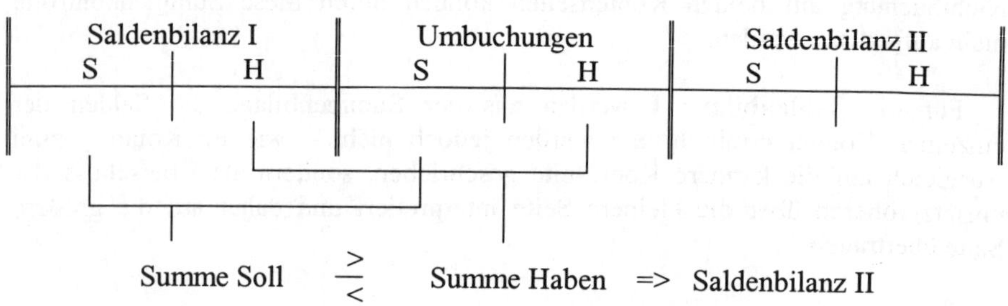

Ausgewählte Beispiele: Zur Entwicklung der Saldenbilanz II (Beträge in Geldeinheiten):

		Saldenbilanz I		Umbuchungen		Saldenbilanz II	
		S	H	S	H	S	H
07	Maschinen	100	-	-	10	90	-
2000	Rohstoffe	180	-	10	15	175	-
2001	Bezugskosten	10	-	-	10	-	-
260	Vorsteuer	20	-	-	20	-	-
480	USt	-	28	20	-	-	8
210	UE	50	-	4	-	54	-
220	FE	30	-	-	3	27	-
52	BV	-	-	3	4	-	1

UE: Inventurbestand 54 (muß als Ergebnis in Saldenbilanz II/Soll stehen, woraus sich retrograd eine Bestandsmehrung in Umbuchungen/Soll in Höhe von 4 ergibt);

FE: Minderbestand 3 (muß in Umbuchungen/Haben stehen, Ergebnis in Saldenbilanz II/Soll = 27)

Die Beträge der Saldenbilanz II werden unverändert auf die **Schlussbilanz** (Konten der Klasse 0-4) bzw. die **Erfolgsbilanz** (Konten der Klasse 5-8) übertragen. Die beiden Seiten der Schlussbilanz und der Erfolgsbilanz stimmen summenmäßig nicht überein. Die Differenzbeträge müssen jedoch identisch sein, denn beim Saldo in der Erfolgsbilanz handelt es sich um den Gewinn bzw. Verlust; und da dieser Erfolgssaldo noch nicht auf das Eigenkapitalkonto übertragen worden ist, fehlt der gleiche Betrag auf der gegenüberliegenden Seite der Schlussbilanz.

Das neue Eigenkapital am Ende der Abrechnungsperiode ergibt sich aus dem Eigenkapitalbetrag der Saldenbilanz II plus Gewinnsaldo (minus Verlustsaldo) der Erfolgsbilanz.

Aufgabe A7/1:

Erstellen Sie auf der Grundlage nachfolgender Summenbilanz und unter Berücksichtigung der Abschlussangaben aus Aufgabe A6/7 eine Betriebsübersicht:

Konto		**Soll**	**Haben**
05	Gebäude	320.000	-
07	Maschinen	180.000	-
084	Fuhrpark	72.000	24.000
2000	Rohstoffe	381.400	358.570
2002	EPK/Rohstoffe	-	2.800
202	Hilfsstoffe	46.800	-
210	UE	163.500	-
220	FE	139.100	-
240	Forderungen	1.066.000	999.730
247	Zweifelhafte Forderungen	5.750	4.600
260	Vorsteuer	54.700	49.620
265	Forderungen an Mitarbeiter	16.800	13.600
280	Bank	1.174.025	1.166.230
288	Kasse	67.900	66.100
293	Aktive RAP	-	-
3000	Eigenkapital	-	310.000
3001	Privat	43.400	-
361	Wertberichtigungen/AV	19.200	129.900
367	EWB/Forderungen	3.400	3.400
368	PWB/Forderungen	-	1.900
38/39	Rückstellungen	3.700	4.800
425	Darlehen	39.500	226.700
44	Verbindlichkeiten	879.620	920.100
480	Umsatzsteuer	129.410	138.485
483/484	Verb./Finanzbehörde u. Soz. V	168.400	190.550
5000	Umsatzerlöse	3.600	1.291.700
5001	Erlöskorrektur	8.900	-
52	BV/UE und FE	-	-
545	Erträge/Forderungen	-	100
5462	Erträge/AV	-	12.200
548	Erträge/Rückstellungen	-	70
600	Rohstoffaufwendungen	357.170	-
602	Hilfsstoffaufwendungen	-	-
63	Gehälter	409.960	-
64	Sozialabgaben	65.420	-
652	Abschreibungen/Sachanlagen	-	-
670	Mietaufwendungen	55.600	-
695	Abschreibungen/Ford.	4.100	-
6963	Verluste/UV	2.900	-
770	Gewerbesteuer	14.100	-
751	Zinsaufwendungen	18.800	-
		5.915.155	5.915.155

Lösung im Lösungsteil

8. Kapitel: Zusammenfassende Aufgaben

Aufgabe A8/1/1:

GoB

Gemäß § 238 HGB muß die Buchführung eines Kaufmanns den „Grundsätzen ordnungsmäßiger Buchführung“ entsprechen.

a) Was wird mit dieser gesetzlichen Forderung bezweckt? (Keine einzelnen Grundsätze nennen, sondern allgemein ausdrücken!)
b) Warum ist es sinnvoll, diese Anforderungen an die Buchführung derart unkonkret mit einem unbestimmten Rechtsbegriff zu umschreiben?

Aufgabe A8/1/2:

Inventurverfahren

Die jährliche Inventur am 31.12 oder wenige Tage vorher oder danach durchzuführen, ist in vielen Fällen aus organisatorischen Gründen unzweckmäßig. Nennen Sie andere zulässige Verfahren mit Angabe des Inventurzeitpunktes sowie der zusätzlichen Anforderungen!

Aufgabe A8/1/3:

Bestandsveränderungen

Bestandsmehrungen an unfertigen und fertigen Erzeugnissen werden buchhalterisch als Erfolgsvorgang berücksichtigt. Erklären Sie, welche Erfolgswirkung dies hat und warum diese gewollt und sinnvoll ist!

Aufgabe A8/1/4:

IKR

Kennzeichnen Sie die jeweils richtige Antwort durch Ankreuzen!

(1) Der IKR ist entwickelt

- □ vom Bundestag
- □ von der Bundesregierung
- □ von einem Unternehmensverband
- □ vom Wirtschaftsprüferverband

(2) Der IKR hat bezüglich seiner Rechtsverbindlichkeit
- ☐ Gesetzescharakter
- ☐ Verordnungscharakter
- ☐ Satzungscharakter
- ☐ Empfehlungscharakter

(3) Der Aufbau des IKR folgt
- ☐ dem Abschlussgliederungsprinzip
- ☐ dem Prozessgliederungsprinzip
- ☐ dem gemischten Prinzip

(4) Die zweistelligen Konto-Nummern beziehen die Ebenen der
- ☐ Kontenunterarten
- ☐ Kontenarten
- ☐ Kontengruppen

Aufgabe A8/1/5:

Aufbewahrungsfristen

Wie lange müssen folgende Posteingangssendungen aufbewahrt werden?

(1) Eine Eingangsrechnung des Lieferanten Müller KG
(2) Die vom Steuerberater übersandte Bilanz
(3) Ein Glückwunschschreiben anläßlich unseres Firmenjubiläums
(4) Eine Mängelrüge unseres Kunden Lehmann OHG
(5) Ein Werbeprospekt der Messe GmbH

Aufgabe A8/2/1:

Privatkonto

Buchen Sie nachfolgende Vorgänge (nur) in den Konten 3000 Eigenkapital, 3001 Privat, 542 Eigenverbrauch, 802 GuV und schließen Sie die Konten ab!

Eigenkapital AB € 243.000;
Privatentnahmen bar € 38.900;
Privatentnahmen von Fertigerzeugnissen € 3.700 (+ 16% USt);
Aufwendungen insgesamt € 197.100;
Erträge insgesamt € 217.400

Aufgabe A8/2/2:

Kontenabschluss

Schließen Sie die nachfolgenden Konten ab!

Inventurbestand Rohstoffe € 41.400. Vor jedem zu buchenden Betrag ist das Gegenkonto anzugeben!

S	2000 Rohstoffe	H
AB	36.800	
Zugänge	119.600	

S	2001 Bezugskosten Rohstoffe	H
	4.720	

S	2002 Einstandspreiskorrekturen	H
		3.190

S	600 Rohstoffaufwendungen	H

S	3000 Eigenkapital		H
		AB	150.000

S	802 GuV		H
übrige Aufwendg.	298.790	übrige Erträge	403.940

S	801 SBK		H
übriges Vermögen	518.600	Schulden	421.380

Aufgabe A8/2/3:

Nehmen Sie nur in den Konten Vorsteuer, Umsatzsteuer und SBK die aufgrund der vier Geschäftsvorfälle erforderlichen Buchungen vor und schließen Sie die Steuerkonten ab:

1) Gutschrift unseres Rohstofflieferanten wegen Mängelrüge netto € 800 + 16% USt
2) Verkauf von Fertigerzeugnissen netto € 21.000 + 16% USt
3) Rücksendung von Hilfsstoffen durch uns wegen Falschlieferung netto € 1.700,- + 16% USt
4) Kunde zahlt nach 2% Skontoabzug bar € 1.421

S	260 Vorsteuer	H
	14.784	

S	480 Umsatzsteuer	H
		10.016

S	801 SBK	H

Welchen Sonderfall stellt dieses Beispiel dar?

Wie kommt es zu einem solchen Sonderfall?

Aufgabe A8/2/4:

Schließen Sie nachfolgende Konten der Klassen 2, 5, 6 unter Verwendung der Konten der Klasse 8 ab!

Inventurbestände:	Rohstoffe	€	9.420
	Unfertige Erzeugnisse	€	74.040
	Fertige Erzeugnisse	€	53.870

Geben Sie jeweils vor dem gebuchten Betrag das Gegenkonto an!

2000 Rohstoffe	
63.000	

2001 Bezugskosten	
3.740	

2002 EPK	
	2.090

210 UE	
AB 72.780	

220 FE	
AB 57.110	

52 BV	

600 Rohstoffaufwendg.	

802 GuV	

801 SBK	

Aufgabe A8/3/1:

Abschreibungsplan

Ein Kraftfahrzeug soll nach Leistungseinheiten (gefahrene km) abgeschrieben werden. Ermitteln Sie die jährlichen Abschreibungsbeträge und die Buchwerte in t_0 bis t_3, wenn folgende Daten zugrundegelegt werden:

AK bei 0 km € 24.900;
voraussichtlicher Wiederverkaufspreis bei 75.000 km € 6.900;
km-Stand in t_1 bis t_3: siehe Tabelle

	km Stand	Leistung in km	Abschreibung in €	Buchwert in €
t_0	0	-	-	
t_1	19.600			
t_2	37.100			
t_3	58.500			

Aufgabe A8/3/2:

Abschreibungsplan

Erstellen Sie den Abschreibungsplan für eine Maschine! Anschaffungskosten € 36.000; Nutzungsdauer 6 Jahre, Restwert nach 6 Jahren € 0.

Die Abschreibung soll zunächst geometrisch-degressiv mit dem höchst zulässigen Abschreibungssatz erfolgen; im späteren Verlauf soll im optimalen Zeitpunkt der Übergang zur linearen Abschreibung gewählt werden.

t	degressive A.	Übergang zur linearen A.	RW_t in € bei optimaler A.
t_0	-	-	36.000
t_1			
t_2			
t_3			
t_4			
t_5			
t_6			-

Aufgabe A8/3/3:

Abschreibungsplan

Ein Kraftfahrzeug soll nach Leistungseinheiten (gefahrene km) abgeschrieben werden. Ermitteln Sie die jährlichen Abschreibungsbeträge und die Buchwerte in t_0 bis t_3, wenn folgende Daten zugrundegelegt werden:

Anschaffungskosten bei 0 km: € 31.800;
voraussichtlicher Wiederverkaufspreis bei 85.000 km € 8.000;
km-Stand in t_0 bis t_3: siehe Tabelle

	km Stand	Leistung in km	Abschreibung in €	Buchwert in €
t_0	0	-	-	
t_1	21.200			
t_2	39.100			
t_3	60.700			

Aufgabe A8/3/4:

Abschreibungsplan

Erstellen Sie für eine neu angeschaffte Maschine (Anschaffungskosten € 32.000; Schrottwert € 2.000; Nutzungsdauer 6 Jahre)

Abschreibungspläne nach

(1) linearer,
(2) geometrisch-degressiver (steuerlicher Höchstsatz, Übergang zur linearen Abschreibung im optimalen Zeitpunkt)
(3) digitaler Abschreibungsmethode! (Beträge auf volle € runden!)

	linear		geometrisch-degressiv.		digital	
t	Abschreibg.	Buchwert	Abschreibg.	Buchwert	Abschreibg.	Buchwert
t_0	-	32.000	-	32.000	-	32.000
t_1						
t_2						
t_3						
t_4						
t_5						
t_6						

Aufgabe A8/3/5:

Abschreibungsplan

Die Anschaffungskosten einer Anlage mit einer betriebsgewöhnlichen Nutzungsdauer von 12 Jahren betragen € 60.000.

Erstellen Sie einen Abschreibungsplan für diese Anlage über die gesamte Nutzungsdauer, indem Sie mit höchst zulässiger degressiver Abschreibung beginnen und in dem Zeitpunkt auf die lineare Abschreibungsmethode übergehen, in dem diese zu höheren Abschreibungsbeträgen führt als die Fortsetzung der degressiven Abschreibung.

Aufgabe A8/3/6:

Abschreibungsmethoden

Vergleichen Sie die lineare, die degressive und die leistungsabhängige Abschreibungsmethode anhand der charakteristischen Merkmale Abschreibungssatz und Abschreibungsbetrag!

Aufgabe A8/3/7:

Abschreibungsursachen

Nennen Sie mindestens fünf verschiedene Ursachen für die Notwendigkeit von Abschreibungen. Geben Sie jeweils ein typisches Beispiel für ein abschreibungsbedürftiges Anlagegut an!

Aufgabe A8/5/1:

Forderungen können mit speziellen oder allgemeinen Kreditrisiken behaftet sein.

Erläutern Sie diese Differenzierung der Kreditrisiken (auch mit Beispielen) und geben Sie an, wie man sie buchhalterisch berücksichtigt!

Aufgabe A8/5/2:

a) Als Folge welcher Umstände gelten Forderungen als
   (1) uneinbringlich
   (2) zweifelhaft?
   Nennen Sie je drei verschiedene Beispiele!
b) Erläutern Sie Sinn und Berechnungsmöglichkeit von Pauschalwertberichtigungen zu Forderungen!

Aufgabe A8/6/1:

Bilden Sie zu folgenden Geschäftsvorfällen und Abschlussangaben die Buchungssätze! Nur Angabe der Kontonummern und Beträge! Die Umsatzsteuer wird mit 16% angenommen!

1) Zielverkauf von Fertigerzeugnissen € 5.000 zuzügl. USt
2) Kunde begleicht Rechnung zu 1) abzügl. 2% Skonto durch Banküberweisung
3) Verkauf einer gebrauchten Büromaschine für € 3.000 zuzügl. USt gegen Bankscheck; Buchwert der direkt abgeschriebenen Anlage € 1.400
4) Wir erhalten vom Rohstoff-Lieferanten eine Gutschrift wegen Mängelrüge in Höhe von € 2.552 (incl. USt)
5) Direkte Abschreibungen auf Maschinen € 20.000
6) Bildung einer Rückstellung für Gewerbesteuer-Nachzahlung € 3.000
7) Die bereits gezahlte und gebuchte Versicherungsprämie in Höhe von € 2.400 bezieht sich auf den Zeitraum 01.11.01 bis 31.01.02. Buchen Sie die Abgrenzung per 31.12.01
8) Bargeldlose Gehaltszahlung brutto € 30.000, einbehaltene Abzüge für Steuern € 4.500 und Sozialversicherung € 6.000; Verrechnung früher gezahlter Vorschüsse € 700; Arbeitgeberanteil zur Sozialversicherung € 6.000
9) Nach Abschluss eines Insolvenzverfahrens gehen 60% unserer Forderung in Höhe von ursprünglich € 11.600 ein, für die wir 50% Einzelwertberichtigung gebildet hatten.

Aufgabe A8/6/2:

Buchungssätze

Bilden Sie zu folgenden Geschäftsvorfällen die Buchungssätze durch Angabe der Kontonummern und Beträge! Die Umsatzsteuer wird mit 16% angenommen.

1) Ein Kunde begleicht seine Verbindlichkeit in Höhe von € 8.700 abzüglich 3% Skonto durch Banküberweisung.
2) Banküberweisung für Gehälter, brutto € 48.280; einbehaltene Gehaltsvorschüsse € 2.800; einbehaltene Steuer € 9.910; Sozialabgaben € 9.656; Arbeitgeberanteil zur Sozialversicherung € 9.656
3) Gutschrift des Rohstofflieferanten wegen mangelhafter Lieferung € 812.
4) Von den zweifelhaften Forderungen in Höhe von € 3.248 geht ein Teilbetrag in Höhe von € 1.972 auf Bankkonto ein. Der Rest ist uneinbringlich.
5) Den Beitrag an den Unternehmensverband für 01 in Höhe von € 16.000 werden wir erst im Januar 02 überweisen.

Aufgabe A8/6/3:

Buchungssätze

Bilden Sie zu folgenden Geschäftsvorfällen und Abschlussangaben die Buchungssätze. Die Umsatzsteuer wird mit 16% angenommen. Angabe der Kontonummern und Beträge genügt.

1) Über das Vermögen eines Kunden ist das Insolvenzverfahren eröffnet worden. Unsere Forderung beträgt € 2.320.
2) Bargeldlose Lohnzahlung per Bank, brutto € 17.400
   Abzüge: Steuern € 2.900
   Sozialversicherung € 3.480
   Verrechnung eines Lohnvorschusses € 500
   Arbeitgeberanteil zur Sozialversicherung € 3.480
   Die einbehaltenen Beträge sind noch nicht abgeführt.
3) Kunde bezahlt eine Rechnung über € 12.500 + € 2.000 USt unter Abzug von 2% Skonto durch Banküberweisung
4) Das Insolvenzverfahren (Fall 1) wird mangels Masse eingestellt.
5) Verkauf eines gebrauchten LKW zum Preis von € 17.400 (incl. USt) gegen Banküberweisung; Anschaffungskosten des LKW € 80.000; Wertberichtigung bisher € 75.000
6) Ein am 15.11. gebuchter Mieteingang in Höhe von € 6.000 für die Monate November bis Januar ist jetzt (am 31.12.) abzugrenzen.
7) Direkte Abschreibungen auf Konto 086 € 5.000
8) Die Zinsbelastung der Bank für Dezember steht noch aus, € 100

Aufgabe A8/6/4:

Buchungssätze

Bilden Sie zu folgenden Geschäftsvorfällen und Abschlussangabe die Buchungssätze. Die Umsatzsteuer wird mir 16% angenommen. Angabe der Kontonummern und Beträge genügt.

1) Banküberweisung der Löhne
   brutto € 28.000;
   Abzüge für Lohnsteuer € 5.200
   für Sozialversicherung € 5.600
   für verrechnete Miete € 1.500
   Arbeitgeberanteil zur Sozialversicherung € 5.600
2) Verkauf einer gebrauchten Fertigungsmaschine für € 6.000
   + 16% Umsatzsteuer gegen Bankscheck.
   Anschaffungskosten € 20.000,
   direkt abgeschrieben bisher € 15.000
3) Der Bestand der Pauschalwertberichtigungen zu Forderungen beträgt zur Zeit € 14.200, per 31.12. wird ein Bedarf ermittelt in Höhe von € 13.900; die PWB sind an den veränderten Bedarf anzupassen.
4) Zielverkauf von Fertigerzeugnissen € 12.500 + 16% USt.
5) Banküberweisung des Kunden (Fall 4) abzüglich 2% Skonto.
6) Unter den Versicherungsaufwendungen ist eine Prämie in Höhe von € 1.800 für den Zeitraum 15.02.01 bis 15.02.02 gebucht worden; diese ist per 31.12.01 abzugrenzen.

Aufgabe A8/8/1:

Kontenabschluss:

Schließen Sie die Konten unter Berücksichtigung folgender Inventurbestände ab (alle Beträge in T€):

Rohstoffe	245
Unfertige Erzeugnisse	35
Fertigerzeugnisse	20
Kasse	15

Unbedingt zu beachten: Vor jedem zu buchenden Betrag ist das Gegenkonto anzugeben!

07 Maschinen	
250	20

288 Kasse	
75	50

280 Bankguthaben	
320	138

2000 Rohstoffe	
535	

2001 Bezugskosten	
48	

2002 Einstandspreiskorrektur	
	18

210 Unfertige Erzeugnisse	
25	

220 Fertigerzeugnisse	
44	

240 Forderungen	
949	580

260 Vorsteuer	
89	17

293 Aktive RAP	
10	

3000 Eigenkapital	
	520

3001 Privat	
13	

44 Verbindlichkeiten aus LuL	
715	1.120

480 Umsatzsteuer	
14	97

5000 Umsatzerlöse	
	920

5001 Erlöskorrekturen	
55	

52 Bestandsveränderungen	

600 Aufw. f. Rohstoffe	

61-69 Abschreibungen u.ä.	
280	

70-78 Zinsen, Steuern u.ä.	
58	

802 GuV	

801 SBK	

Aufgabe A8/8/2:

Kontenabschluss:

Schließen Sie die Konten unter Berücksichtigung der Inventurbestände ab; alle Beträge in T€. Dabei ist vor jedem gebuchten Betrag das Gegenkonto anzugeben.

Inventurbestände: Rohstoffe 280, Fertigerzeugnisse 222.
Der aktuelle Bedarf an Pauschalwertberichtigungen zu Forderungen wird auf 40 geschätzt.

07 Maschinen	
1.066	106

288 Kasse	
312	258

280 Bankguthaben	
404	320

2000 Rohstoffe	
374	

2001 Bezugskosten	
8	

2002 EPK	
	14

220 Fertigerzeugnisse	
248	

240 Forderungen	
860	400

260 Vorsteuer	
174	68

3000 Eigenkapital	
	896

3001 Privat	
26	

368 PWB zu Forderungen	
	70

44 Verbindlichkeiten	
444	1.664

480 Umsatzsteuer	
36	220

5000 Umsatzerlöse	
	1.272

5001 Erlöskorrekturen	
6	

52 Bestandsveränderungen	

545 Erträge a.d. Herabsetzg. d. PWB zu Ford.	

600 Rohstoffaufwendungen	

61-69 andere Aufwendungen	
824	

70-78 Zinsen, Steuern u.ä.	
506	

802 GuV	

801 SBK	

Aufgabe A8/8/3:

Kontenabschluss:

Schließen Sie die Konten unter Berücksichtigung folgender Inventurbestände ab (alle Beträge in T€):

Rohstoffe	280
Unfertige Erzeugnisse	132
Fertigerzeugnisse	288

Außerdem ist noch die Abschreibung auf Maschinen in Höhe von T€ 90 indirekt zu buchen.

Unbedingt zu beachten: Vor jedem zu buchenden Betrag ist das Gegenkonto anzugeben!

07 Maschinen	
760	

288 Kasse	
340	260

280 Bankguthaben	
674	388

2000 Rohstoffe	
712	

2001 Bezugskosten	
72	

2002 EPK	
	96

210 Unfertige Erzeugnisse	
196	

220 Fertigerzeugnisse	
240	

240 Forderungen	
574	286

260 Vorsteuer	
26	4

3000 Eigenkapital	
	718

3001 Privat	
230	

361 Wertb. Zu Sachanlagen	
	180

44 Verbindl. aus L/L	
710	1.778

480 Umsatzsteuer	
86	174

5000 Umsatzerlöse	
	1.140

5001 Erlöskorrekturen	
114	

52 Bestandsveränderungen	

600 Aufw. F. Rohstoffe	

61-69 Abschreibungen u.ä.	
206	

70-78 Zinsen, Steuern u.ä.	
84	

802 GuV	

801 SBK	

Aufgabe A8/8/4:

Kontenabschluss:

Schließen Sie die Konten unter Berücksichtigung folgender Inventurbestände ab (alle Beträge in T€):

Unfertige Erzeugnisse 28, Fertigerzeugnisse 25

Außerdem ist noch zu berücksichtigen, daß wir die am 02.01.02 fällige Miete für Dezember 01 bis Februar 02 in Höhe von T€ 15 bereits bezahlt und in voller Höhe gebucht haben.

Unbedingt zu beachten: Vor jedem zu buchenden Betrag ist das Gegenkonto anzugeben!

07 Maschinen	
420	130

28 Geldkonten	
831	787

2000 Rohstoffe	
216	168

2001 Bezugskosten	
12	

2002 EPK	
	17

210 UE	
41	

220 FE	
12	

240 Forderungen	
629	503

260 Vorsteuer	
57	

293 Akt. RAP	
14	11

3000 Eigenkapital	
	409

3001 Privat	
108	

44 Verbindlichkeiten	
222	390

480 Umsatzsteuer	
	70

5000 Umsatzerlöse	
	478

5001 Erlöskorrektur	
16	

52 BV	

6/7 Div. Aufwendg.	
385	

802 GuV	

801 SBK	

Aufgabe A8/8/5:

Kontenabschluss:

Schließen Sie die Konten unter Berücksichtigung folgender Inventurbestände ab (alle Beträge in T€):

Rohstoffe	270
Unfertige Erzeugnisse	-
Fertigerzeugnisse	260

Vor jedem zu buchenden Betrag ist das Gegenkonto anzugeben!

07 Maschinen

1.060	110

288 Kasse

330	250

280 Bankguthaben

440	320

2000 Rohstoffe

376	

2001 Bezugskosten

8	

2002 Einstandspreiskorr.

	14

210 UE

35	

220 FE

250	

240 Forderungen

691	400

260 Vorsteuer

170	60

293 Aktive RAP

20	

3000 Eigenkapital

	1.000

3001 Privat

20	

44 Verbindl. aus L/L

540	1.660

480 Umsatzsteuer

38	220

5000 Umsatzerlöse

	1.270

5001 Erlöskorrekturen

6	

52 Bestandsveränderungen

600 Aufw. f. Rohstoffe

61-69 Abschreibungen u.ä.

820	

70-78 Div. Aufwendungen

500	

802 GuV

801 SBK

9. Kapitel: Lösungen

Lösung zu Aufgabe A2/3:

A	Bilanz		P
Bebaute Grundstücke	70.000	Eigenkapital	60.000
Maschinen	30.000	Darlehensschulden	50.000
Rohstoffe	4.000	Verbindlichkeiten	40.000
Fertigerzeugnisse	16.000	Bankschulden	8.000
Forderungen	36.000		
Kasse	2.000		
	158.000		158.000

EK = Vermögen - Schulden
= 158.000 - 98.000 = 60.000

Lösung zu Aufgabe A2/5:

	(1) welche Konten?	(2) A/P	(3) +/-	(4) S/H	Betrag
1)	Kasse	A	-	H	1.000
	Geschäftsausstattung	A	+	S	1.000
2)	Bankschulden	P	-	S	32.000
	Forderungen	A	-	H	32.000
3)	Kasse	A	-	H	5.000
	Bankschulden	P	-	} S	5.000
	(oder Bankguthaben)	A	+		
4)	Rohstoffe	A	+	S	3.000
	Verbindlichkeiten	P	+	H	3.000
5)	Darlehensschulden	P	+	H	10.000
	Bankguthaben	A	+	} S	10.000
	(oder Bankschulden)	P	-		
6)	Maschinen	A	-	H	4.000
	Bankguthaben	A	+	} S	4.000
	(oder Bankschulden)	P	-		
7)	Verbindlichkeiten	P	-	S	9.000
	Bankguthaben	A	+	} H	9.000
	(oder Bankschulden)	P	-		

S	Gebäude		H
AB	86.000	SB	86.000

S	Maschinen		H
AB	63.000	6)	4.000
		SB	59.000
	63.000		63.000

S	GA		H
AB	18.000	SB	19.000
1)	1.000		
	19.000		19.000

S	Rohstoffe		H
AB	54.000	SB	57.000
4)	3.000		
	57.000		57.000

S	Forderungen		H
AB	61.000	2)	32.000
		SB	29.000
	61.000		61.000

S	Kasse		H
AB	7.000	1)	1.000
		3)	5.000
		SB	1.000
	7.000		7.000

S	Eigenkapital		H
SB	117.000	AB	117.000

S	Darlehensschulden		H
SB	99.000	AB	89.000
		5)	10.000
	99.000		99.000

S	Verbindlichkeiten		H
7)	9.000	AB	48.000
SB	42.000	4)	3.000
	51.000		51.000

S	Bank		H
2)	32.000	AB (Schulden)	35.000
3)	5.000		
5)	10.000	7)	9.000
6)	4.000	SB (Bankguthaben)	7.000
	51.000		51.000

S	SBK		H
Gebäude	86.000	Eigenkapital	117.000
Maschinen	59.000	Darlehensschulden	99.000
GA	19.000	Verbindlichkeiten	42.000
Rohstoffe	57.000		
Forderungen	29.000		
Kasse	1.000		
Bank	7.000		
	258.000		258.000

Lösung zu Aufgabe A2/6:

1)	per Kasse	2.000	an Bank	2.000
2)	per Darlehensschulden	3.000	an Bank	3.000
3)	per Rohstoffe	10.000	an Kasse	1.000
			an Bank	2.000
			an Verbindlichkeiten	7.000
4)	per Kasse	3.000	an Forderungen	8.000
	per Postbank	5.000		

Lösung zu Aufgabe A2/7:

1)	Aufnahme eines Hypothekendarlehens (Gutschrift auf Girokonto)		50.000
2)	Begleichung unserer Liefererschulden in Höhe von		32.000
	durch Barzahlung	1.000	
	durch Banküberweisung	6.000	
	durch Umwandlung in Darlehen	25.000	
3)	Kauf von Geschäftsausstattung (z.B. Büroeinrichtung)		10.000
	gegen Bankscheck (oder Banküberweisung)	2.000	
	und Postscheck (oder Postgiroüberweisung)	8.000	
4)	Bareinzahlung auf Bankkonto		4.000

Lösung zu Aufgabe A3/2:

1)	Rohstoffe	6.320	Verbindlichkeiten	6.320
2)	Maschinen	8.500	Bank	8.500
3)	Forderungen	11.240	Umsatzerlöse	11.240
4)	Lohnaufwendungen	13.650	Bank	13.650
5)	Bank	11.080	Forderungen	11.080
6)	Büroaufwendungen	410	Kasse	410
7)	Betriebsstoffaufw.	1.830	Betriebsstoffe	1.830
8)	Zinsaufwendungen	520	Bank	520
9)	Bank	18.670	Umsatzerlöse	18.670
10)	Mietaufwendungen	4.800	Bank	4.800
11)	Bank	13.900	Maschinen	13.900

Abschlussangabe:

SBK	30.900	Rohstoffe	30.900

S Maschinen H

AB	84.600	11)	13.900
2)	8.500	SB	79.200
	93.100		93.100

S Rohstoffe H

AB	38.300	SB lt. Inv.	30.900
1)	6.320	Verbrauch (R-Aufwand)	13.720
	44.620		44.620

S Betriebsstoffe H

AB	9.100	7)	1.830
		SB	7.270
	9.100		9.100

S Forderungen H

AB	27.600	5)	11.080
3)	11.240	SB	27.760
	38.840		38.840

S Kasse H

AB	4.800	6)	410
		SB	4390
	4.800		4.800

S Eigenkapital H

GuV	5.020	AB	71.000
SB	65.980		
	71.000		71.000

S	Darlehensschulden		H
SB	60.500	AB	60.500

S	Verbindlichkeiten		H
SB	30.520	AB	24.200
		1)	6.320
	30.520		30.520

S	Bank		H
5)	11.080	AB	8.700
8)	18.670	2)	8.500
11)	13.900	4)	13.650
		8)	520
		10)	4.800
		SB	7.480
	43.650		43.650

S	Umsatzerlöse		H
GuV	29.910	3)	11.240
		9)	18.670
	29.910		29.910

S	Lohnaufwendungen		H
4)	13.650	GuV	13.650

S	Büroaufwendungen		H
6)	410	GuV	410

S	Betriebsstoffaufwendungen		H
7)	1.830	GuV	4.800

S	Zinsaufwendungen		H
8)	520	GuV	520

S	Mietaufwendungen		H
10)	4.800	GuV	4.800

S	Rohstoffaufwendungen		H
Verbrauch	13.720	GuV	13.720

S	GuV		H
Lohnaufwendungen	13.650	Umsatzerlöse	29.910
Büroaufwendungen	410	EK (Verlust)	5.020
Betriebsstoffaufwendungen	1.830		
Zinsaufwendungen	520		
Mietaufwendungen	4.800		
Rohstoffaufwendungen	13.720		
	34.930		34.930

S	SBK		H
Maschinen	79.200	Eigenkapital	65.980
Rohstoffe	30.900	Darlehensschulden	60.500
Betriebsstoffe	7.270	Verbindlichkeiten	30.520
Forderungen	27.760		
Kasse	4.390		
Bank	7.480		
	157.000		157.000

Lösung zu Aufgabe A3/3:

Buchungssätze:

	Soll	Betrag	Haben	Betrag
1)	Rohstoffe	3.000	Kasse	3.000
2)	Forderungen	10.000	Umsatzerlöse	10.000
3)	Privat	1.000	Kasse	1.000
4)	Reparaturaufwendg.	800	Verbindlichkeiten	800
5)	Bank	9.000	Maschinen	9.000
6)	Zinsaufwendungen	1.600	Bank	1.600
7)	Bank	4.000	Forderungen	4.000
8)	Rohstoffaufwendungen	2.000	Rohstoffe	2.000
9)	Gehaltsaufwendungen	13.000	Bank	13.000
10)	Mietaufwendungen	1.000	Bank	1.000
11)	Bank	5.000	Umsatzerlöse	5.000

Abschlussangaben:

SBK	43.000	FE	43.000
SBK	3.000	UE	3.000

Vorbereitende Abschlussbuchungen:

BV	7.000	FE	7.000
UE	3.000	BV	3.000
EK	1.000	Privat	1.000

Abschlussbuchungen:

GuV	22.400	Reparaturaufwendungen	800
		Zinsaufwendungen	1.600
		Rohstoffaufwendungen	2.000
		Gehaltsaufwendungen	13.000
		Mietaufwendungen	1.000
		BV	4.000
Umsatzerlöse	15.000	GuV	22.400
EK	7.400		
SBK	146.400	Maschinen	51.000
		Rohstoffe	41.000
		Forderungen	46.000
		Kasse	1.000
		Bank	7.400
EK	51.600	SBK	192.400
Darlehen	90.000		
Verbindlichkeiten	50.800		

S	Maschinen		H
AB	60.000	5)	9.000
		SBK	51.000
	60.000		60.000

S	Rohstoffe		H
AB	40.000	8)	2.000
1)	3.000	SBK	41.000
	43.000		43.000

S	Fertigerzeugnisse		H
AB	50.000	SBK	43.000
		BV	7.000
	50.000		50.000

S	Forderungen		H
AB	40.000	7)	4.000
2)	10.000	SBK	46.000
	50.000		50.000

S	Kasse		H
AB	5.000	1)	3.000
		3)	1.000
		SBK	1.000
	5.000		5.000

S	Bank		H
AB	5.000	6)	1.600
5)	9.000	9)	13.000
7)	4.000	10)	1.000
11)	5.000	SBK	7.400
	23.000		23.000

S	Eigenkapital		H
Privat	1.000	AB	60.000
GuV	7.400		
SBK	51.600		
	60.000		60.000

S	Darlehensschulden		H
SBK	90.000	AB	90.000

S	Verbindlichkeiten		H
SBK	50.800	AB	50.000
		4)	800
	50.800		50.800

S	Unfertige Erzeugnisse		H
BV	3.000	SBK	3.000

S	Privat		H
3)	1.000	EK	1.000

S	Umsatzerlöse		H
GuV	15.000	2)	10.000
		11)	5.000
	15.000		15.000

S	Reparaturaufwendungen		H
4)	800	GuV	800

S	Zinsaufwendungen		H
6)	1.600	GuV	1.600

S	Rohstoffaufwendungen		H
8)	2.000	GuV	2.000

S	Gehaltsaufwendungen		H
9)	13.000	GuV	13.000

S	Mietaufwendungen		H
10)	1.000	GuV	1.000

S	BV		H
FE	7.000	UE	3.000
		GuV	4.000
	7.000		7.000

S	GuV		H
Reparaturaufwendungen	800	Umsatzerlöse	15.000
Zinsaufwendungen	1.600	EK	7.400
Rohstoffaufwendungen	2.000		
Gehaltsaufwendungen	13.000		
Mietaufwendungen	1.000		
BV	4.000		
	22.400		22.400

S	SBK		H
Maschinen	51.000	Eigenkapital	51.600
Rohstoffe	41.000	Darlehensschulden	90.000
UE	3.000	Verbindlichkeiten	50.800
FE	43.000		
Forderungen	46.000		
Kasse	1.000		
Bank	7.400		
	192.400		192.400

Teillösung zu Aufgabe A3/4:

Buchungssätze:

1)	Löhne	4.720	Bank	4.720
2)	Kasse	2.080	Umsatzerlöse	2.080
3)	Darlehensschulden	2.400	Bank	2.400
4)	Bank	10.000	Eigenkapital	10.000
5)	Verbindlichkeiten	9.760	Bank	9.760
6)	Geschäftsausstattung	1.980	Bank	1.980
7)	Verbindlichkeiten	5.900	Maschinen	5.900
8)	Privat	820	Eigenverbrauch	820
9)	Forderungen	16.070	Umsatzerlöse	16.070
10)	Privat	690	Kasse	690
11)	Rohstoffe	4.120	Verbindlichkeiten	4.120
12)	Büroaufwendungen	140	Kasse	140
13)	Bank	5.350	Forderungen	5.350

Ausgewählte Konten:

S	UE		H
AB	11.400	SBK	13.100
BV	1.700	(SB lt. Inventur)	
	13.100		13.100

S	FE		H
AB	7.900	SBK	7.800
		(SB lt. Inventur)	
		BV	100
	7.900		7.900

S	Rohstoffe		H
AB	6.600	SBK	5.700
11)	4.120	(SB lt. Inventur)	
		R-Aufwand	
			5.020
	10.720		10.720

S	Rohstoffaufwendungen		H
Rohstoffe		GuV	5.020
(Verbr.)	5.020		

S	Eigenverbrauch		H
GuV	820	8)	820

S	BV		H
FE	100	UE	1.700
GuV	1.600		
	1.700		1.700

S	GuV		H
Löhne	4.720	Umsatzerlöse	18.150
Büroaufwendungen	140	Eigenverbrauch	820
Rohstoffaufwendungen	5.020	BV	1.600
EK (Gewinn)	10.690		
	20.570		20.570

S	Privat		H
8)	820	EK	1.510
10)	690		
	1.510		1.510

S	EK		H
Privat	1.510	AB	57.000
SBK	76.180	4)	10.000
		GuV	10.690
	77.690		77.690

S	SBK		H
Maschinen	57.700	EK	76.180
GA	9.880	Darlehensschulden	40.600
Rohstoffe	5.700	Verbindlichkeiten	7.060
UE	13.100	Bankschulden	2.110
FE	7.800		
Forderungen	23.820		
Kasse	7.950		
	125.950		125.950

Lösung zu Aufgabe A4/1:

	07		
	80.000		6.000
		801	74.000

	200		
	136.000		101.000
		801	35.000

	202		
	24.900	801	19.800
		602	5.100

	210		
	36.400	801	34.700
		52	1.700

	220		
	42.900	801	44.100
52	1.200		

	240		
	246.300		209.700
		801	36.600

3000

3001	14.900		160.000
802	58.300		
801	86.800		

3001

	14.900	3000	14.900

425

	8.800		165.000
801	156.200		

44

	141.200		160.700
801	19.500		

500

802	221.500		221.500

52

210	1.700	220	1.200
		802	500

542

802	6.100		6.100

600

	101.000	802	101.000

602

202	5.100	802	5.100

616

	12.800	802	12.800

62

	140.700	802	140.700

67

	8.700	802	8.700

751

	17.100	802	17.100

802 GuV

52	500	500	221.500
600	101.000	542	6.100
602	5.100	3000	58.300
616	12.800		
62	140.700		
67	8.700		
751	17.100		
	285.900		285.900

801 SBK

07	74.000	3000	86.800
200	35.000	425	156.200
202	19.800	44	19.500
210	34.700		
220	44.100		
240	36.600		
280	14.900		
288	3.400		
	262.500		262.500

Lösung zu Aufgabe A4/2:

Buchungssätze:

1)	240	Forderungen	16.800	500	Umsatzerlöse	16.800
2)	615	Prov.aufwand	4.800	280	Bank	4.800
3)	202	Hilfsstoffe	820	288	Kasse	820
4)	63	Gehälter	8.610	280	Bank	8.610
5)	280	Bank	22.180	240	Forderungen	22.180
6)	616	Instandhaltung	1.290	44	Verbindlichkeiten	1.290
7)	600	Rohstoffaufwand	7.220	200	Rohstoffe	7.220
8)	288	Kasse	4.000	280	Bank	4.000
9)	685	Reisekosten	470	288	Kasse	470
10)	200	Rohstoffe	6.550	44	Verbindlichkeiten	6.550
11)	3001	Privat	1.500	288	Kasse	1.500
12)	280	Bank	11.760	500	Umsatzerlöse	11.760
13)	280	Bank	7.100	07	Maschinen	7.100
14)	751	Zinsaufwand	680	280	Bank	680

Abschlussangaben:

801	SBK	10.900	202	Hilfsstoffe	10.900
602	Hilfsstoffaufw.		202	Hilfsst. (Saldo)	
801	SBK	15.840	210	UE	15.840
801	SBK	26.910	220	FE	26.910

07

AB	106.000	13)	7.100
		801	98.900

200

AB	58.400	7)	7.220
10)	6.550	801	57.730

202

AB	11.300	801	10.900
3)	820	602	1.220

210

AB	12.700	801	15.840
52	3.140		

220

AB	25.400	801	26.910
52	1.510		

240

AB	27.600	5)	22.180
1)	16.800	801	22.220

280

AB	11.200	2)	4.800
5)	22.180	4)	8.610
12)	11.760	8)	4.000
13)	7.100	14)	680
		801	34.150

288

AB	4.900	3)	820
8)	4.000	9)	470
		11)	1.500
		801	6.110

3000

3001	1.500	AB	220.000
801	227.420	802	8.920

3001

11)	1.500	3000	1.500

44

801	45.340	AB	37.500
		6)	1.290
		10)	6.550

500

802	28.560	1)	16.800
		11)	11.760

52

802	4.650	210,-	3.140
		220	1.510

600

7)	7.220	802	7.220

602

202	1.220	802	1.220

615

2)	4.800	802	4.800

616

6)	1.290	802	1.290

63

4)	8.610	802	8.610

685

9)	470	802	470

751

14)	680	802	680

802 GuV

600	Rohst.aufwand	7.220	500	Umsatzerlöse	28.560
602	Hilfsst.aufwand	1.220	52	BV	4.650
615	Vertriebsprovision	4.800			
616	Instandhaltung	1.290			
63	Gehälter	8.610			
685	Reisekosten	470			
751	Zinsaufwand	680			
3000	Eigenkapital	8.920			
		33.210			33.210

801 SBK

07	Maschinen	98.900	3000	EK	227.420
200	Rohstoffe	57.730	44	Verbindlichkeiten	45.340
202	Hilfsstoffe	10.900			
210	UE	15.840			
220	FE	26.910			
240	Forderungen	22.220			
280	Bank	34.150			
288	Kasse	6.110			
		272.760			272.760

Lösung zu Aufgabe A5/1:

260

	29.100	480	29.100

480

260	29.100		37.500
280 (Zahllast)	8.400		

280

	21.600	480	8.400

Lösung zu Aufgabe A5/2:

260

	31.800	480	31.800

480

260	31.800		34.200
801 (Zahllast)	2.400		

801 SBK

		480	2.400

Lösung zu Aufgabe A5/3:

Buchungen bzw. Abschlüsse in folgender Reihenfolge:

Inventurbestände 2000, 228
Salden 2002, 2002 → 2000
Salden 5001 → 5000
Saldo 2000 → 600
Saldo 228 → 608
Salden 5000, 51, 600, 608 → 802

2000 Rohstoffe

	46.800	801	11.430
2001	710	2002	2.470
		600	33.610

5000 Umsatzerlöse

5001	1.310		173.280
802	171.970		

2001 Bezugskosten

	710	2000	710

5001 Erlöskorr.

	1.310	5000	1.310

2002 EPK

2000	2.470		2.470

51 Umsatzerlöse HW

802	8.180		8.180

600 Rohstoffaufwendungen

2000	33.610	802	33.610

228 Handelswaren

	7.090	801	1.770
		608	5.320

608 Wareneinsatz

228	5.320	802	5.320

802 GuV

600	33.610	5000	171.970
608	5.320	51	8.180

801 SBK

2000	11.430		
228	1.770		

Lösung zu Aufgabe A5/4:

Buchungssätze:

	Soll	Betrag	Haben	Betrag
1a)	2000	30.000	44	34.800
	260	4.800		
b)	2001	1.200	288	1.392
	260	192		
2)	44	6.960	2000	6.000
			260	960
3)	44	1.160	2002	1.000
			260	160
4)	44	26.680,00	280	25.879,60
			2002	690,00
			260	110,40
5)	600	25.000	2000	25.000
6)	288	812	510	700
			480	112
7)	3001	2.500	288	2.500
8)	751	2.100	280	2.100
9a)	240	18.560	5000	16.000
			480	2.560
b)	614	1.000	288	1.160
	260	160		
10a)	5001	3.000	240	3.480
	480	480		
b)	280	14.778,40	240	15.080,00
	5001	260,00		
	480	41,60		

Lösung zu Aufgabe A5/5:

Buchungssätze:

	Soll	Betrag	Haben	Betrag
1)	265	2.000	288	2.000
2)	62	33.100	280	22.160
			483	4.320
	64	6.620	484	13.240
3)	66	300	288	300
4)	63	8.750	280	3.890
	64	1.750	483	1.410
			484	3.500
			265	400
			540	1.300
5)	483	5.730	280	5.730
6)	486	780	285	780
7)	484	16.740	801	16.740

Lösung zu Aufgabe A5/6:

Buchungssätze:

1)	680	200	288	232
	260	32		
2)	63	16.000	280	9.250
	64	3.200	483	3.550
			484	6.400
3)	5001	4.000	240	4.640
	480	640		
4)	483	7.300	280	7.300
5)	2000	14.000	44	16.240
	260	2.240		
6)	751	100	280	100
7)	3001	800	288	800
8)	240	46.400	5000	40.000
			480	6.400
9)	425	4.600	280	4.600
10)	600	5.100	2000	5.100

07 Maschinen

	80.000	801	80.000

08 GA

	25.000	801	25.000

2000 Rohstoffe

	32.600		8.400
5)	14.000	10)	5.100
2001	1.500	801	34.600

2001 Bezugskosten

	1.500	2000	1.500

210 UE

	4.100	801	2.200
		52	1.900

220 FE

	6.500	801	6.400
		52	100

240 Forderungen

	95.300		61.200
		3)	4.640
8)	46.400		
		801	75.860

280 Bank

	135.500		82.100
		2)	9.250
		4)	7.300
		6)	100
		9)	4.600
		801	32.150

260 Vorsteuer

	3.300		3.000
1)	32	480	2.572
5)	2.240		

288 Kasse

	12.300		8.100
		1)	232
		7)	800
		801	3.168

3000 Eigenkapital

3001	800		80.000
801	86.900	802	7.700

3001 Privat

7)	800	3000	800

425 Bankdarlehen

9)	4.600		40.000
801	35.400		

44 Verbindlichkeiten

	52.400		159.900
801	123.740	5)	16.240

480 USt

	8.000		8.200
3)	640	8)	6.400
260	2.572		
801	3.388		

483 Lohnsteuerverbindl.

	6.600		13.900
4)	7.300	2)	3.550
801	3.550		

484 Sozialvers.verbindl.

	14.700		14.700
801	6.400	2)	6.400

5000 Umsatzerlöse

5001	6.500		72.000
802	105.500	8)	40.000

5001 Erlöskorrekturen

	2.500	5000	6.500
3)	4.000		

52 BV

210	1.900	802	2.000
220	100		

600 Rohstoffaufwendg.

	8.400	802	13.500
10)	5.100		

63 Gehälter

	52.000	802	68.000
2)	16.000		

64 Soziale Abgaben

	10.200	802	13.400
2)	3.200		

680 Büromaterial

	600	802	800
1)	200		

751 Zinsaufwendungen

6)	100	802	100

802 GuV			
52	2.000	5000	105.500
600	13.500		
63	68.000		
64	13.400		
680	800		
751	100		
3000	7.700		

801 SBK			
07	80.000	3000	86.900
08	25.000	425	35.400
2000	34.600	44	123.740
210	2.200	480	3.388
220	6.400	483	3.550
240	75.860	484	6.400
280	32.150		
288	3.168		
	259.378		259.378

Lösung zu Aufgabe A5/7:

Buchungssätze:

	Soll	Betrag	Haben	Betrag
1)	2000	18.200	44	21.112
	260	2.912		
2)	2001	300	288	348
	260	48		
3)	265	1.000	288	1.000
4)	680	75	288	87
	260	12		
5)	44	2.436	2000	2.100
			260	336
6)	600	1.670	2000	1.670
7)	751	890	280	890
8)	240	16.240	5000	14.000
			480	2.240
9)	280	5.000	43	5.000
10)	62	12.090	280	7.970
	64	2.440	540	600
			483	2.080
			484	4.880
11)	770	1.300	280	8.050
	670	1.760		
	3001	4.990		
12)	43	5.000	240	16.240
	280	10.752,80		
	5001	420,00		
	480	67,20		
13)	63	9.650	280	5.070
	64	1.720	265	500
			483	2.360
			484	3.440
14)	44	18.676	280	18.676
15)	483	4.440	280	12.760
	484	8.320		

05 Grundstücke

	120.000	801	120.000

07 Maschinen

	132.000	801	132.000

08 GA

	46.000	801	46.000

2000 Rohstoffe

	86.000		67.000
1)	18.200	5)	2.100
2001	5.700	6)	1.670
		801	39.130

2001 Bezugskosten

	5.400	2000	5.700
2)	300		

202 Hilfsstoffe

	12.000		9.500
		801	2.500

210 UE

	5.500	801	11.300
52	5.800		

220 FE

	17.000	801	15.700
		52	1.300

240 Forderungen

	113.600		98.900
8)	16.240	12)	16.240
		801	14.700

260 Vorsteuer

	10.500		8000
1)	2.912	5)	336
2)	48	480	5.136
4)	12		

265 Forderg. an Mitarbeiter

	3.000		2.000
3)	1.000	13)	500
		801	1.500

280 Bankguthaben/
420 Bankverbindlichkeiten

	102.500,00		89.300
9)	5.000,00	7)	890
12)	10.752,80	10)	6.970
801	23.463,20	11)	8.050
		13)	5.070
		14)	18.676
		15)	12.760

288 Kasse

	18.600		16.200
		2)	348
		3)	1.000
		4)	87
		801	965

3000 Eigenkapital

3001	9.590		270.000
801	317.445	802	57.035

3001 Privat

	4.600	3000	9.590
11)	4.990		

43 Erhaltene Anzahlungen

12)	5.000	9)	5.000

44 Verbindlichkeiten

	79.190		109.040
5)	2.436	1)	21.112
14)	18.676		
801	29.850		

480 Umsatzsteuer

	12.000,00		28.000
12)	67,20	8)	2.240
260	5.136,00		
801	13.036,80		

483 Lohnsteuerverbindl.

	1.200		1.200
15)	4.440	10)	2.080
		13)	2.360

484 Sozialvers.verbindl.

	2.300		2.300
15)	8.320	10)	4.880
		13)	3.440

5000 Umsatzerlöse

	2.600		280.000
5001	3.420	8)	14.000
802	287.980		

5001 Erlöskorrektur

	3.000	5000	3.420
12)	420		

52 BV

220	1.300	210	5.800
802	4.500		

540 Mieterträge

802	15.400		14.800
		10	600

600 Rohstoffaufwand

	57.000	802	58.670
6)	1.670		

602 Hilfsstoffaufwand

	9.500	802	9.500

62 Löhne

	42.000	802	54.090
10)	12.090		

63 Gehälter

	55.000	802	64.650
13)	9.650		

64 Soziale Abgaben

	22.500	802	26.660
10)	2.440		
13)	1.720		

670 Mietaufwand

	15.280	802	17.040
11)	1.760		

680 Büromaterial

	2.500	802	2.575
4)	75		

751 Zinsaufwendungen

	8.670	802	9.560
7)	890		

770 Gewerbesteuer

	6.800	802	8.100
11)	1.300		

802 GuV

600	58.670	5000	287.980
602	9.500	52	4.500
62	54.090	540	15.400
63	64.650		
64	26.660		
670	17.040		
680	2.575		
751	9.560		
770	8.100		
3000	57.035		
	307.880		307.880

801 SBK

05	120.000	3000	317.445,00
07	132.000	420	23.463,20
08	46.000	44	29.850,00
2000	39.130	480	13.036,80
202	2.500		
210	11.300		
220	15.700		
240	14.700		
265	1.500		
280	-		
288	965		
	383.795		383.795,00

Lösung zu Aufgabe A6/1:

a) $\text{Abschreibungssatz} = \frac{100}{6} = 16\,{}^{2}\!/_{3}\,\%$

$\text{jährlicher Abschreibungsbetrag} = \frac{24.000}{6}\,€$

$= €\ 4.000$

b) $\text{jährlicher Abschreibungsbetrag} = \frac{24.000 - 600}{6}\,€$

$= €\ 3.900$

c) $\text{kumulierte Nutzungsdauer} = \frac{n(n+1)}{2} = \frac{6(6+1)}{2} = 21$

Der digitale Abschreibungsbetrag vermindert sich jährlich um den Degressionsbetrag

$$\frac{\text{Ako}}{\text{kum. ND}} = \frac{24.000}{21}\,€ = €\ 1.143$$

Abschreibungen in $t_1 = 6 \cdot 1.143 = €\ 6.858$

$t_2 = 5 \cdot 1.143 = €\ 5.715$

$t_3 = 4 \cdot 1.143 = €\ 4.572$

. . .

. . .

. . .

Lösung zu Aufgabe A6/2:

	linear 10%		geometrisch-degressiv 20% (gerundet)		digital	
	Abschr.	RW_t	Abschr.	RW_t	Abschr.	RW_t
t_0 (=Ako)	-	110.000	-	110.000	-	110.000
t_1	11.000	99.000	22.000	88.000	20.000	90.000
t_2	11.000	88.000	17.600	70.400	18.000	72.000
t_3	11.000	77.000	14.080	56.320	16.000	56.000
t_4	11.000	66.000	11.264	45.056	14.000	42.000
t_5	11.000	55.000	9.011	36.045	12.000	30.000
t_6	11.000	44.000	7.209	28.836	10.000	20.000
t_7	11.000	33.000	5.767	23.069	8.000	12.000
t_8	11.000	22.000	4.614	18.455	6.000	6.000
t_9	11.000	11.000	3.691	14.764	4.000	2.000
t_{10}	11.000	-	(14.764)	(-)	2.000	-

Lösung zu Aufgabe A6/3:

Herleitung der Formel vgl. Kapitel 6.2.3

$$P = 100 \cdot \left(1 - \sqrt[6]{\frac{10.000}{32.900}}\right)$$

$$P = 100 \cdot \left(1 - \sqrt[6]{0{,}303951367}\right)$$

$$P = 100 \cdot (1 - 0{,}819975136)$$

$$P = 100 \cdot 0{,}180024864$$

$$P = 18{,}0025\%$$

Nutzungsjahr	18,0 % degressive AfA in € (gerundet)	Restwert
0	-	32.900 (= AK)
1	5.922	26.978
2	4.856	22.122
3	3.982	18.140
4	3.265	14.875
5	2.678	12.197
6	2.195	10.002 ≈ 10.000

Lösung zu Aufgabe A6/4:

Der AfA-Satz ist begrenzt durch das 2fache des linearen AfA-Satzes;
$2 \cdot 8\frac{1}{3}\% = 16\frac{2}{3}\%$

Nutzungsjahr	Abschreibung $16\,^{2}/_{3}\%$ degressiv in € (gerundet)	Abschreibung bei Übergang zur linearen AfA in €	Restwert in € (gerundet)
0	-		60.000
1	10.000		50.000
2	8.333		41.667
3	6.945		34.722
4	5.787		28.935
5	4.823		24.112
6	4.019	(3.445)	20.093
7	3.349	3.349	16.744
8	(2.791)	3.349	13.395
9		3.349	10.046
10		3.349	6.697
11		3.349	3.348
12		3.348	0

Lösung zu Aufgabe A6/5:

Der AfA-Satz ist begrenzt durch die absolute Obergrenze 20%.

Nutzungsjahr	Abschreibung 20% degressiv in € (gerundet)	Abschreibung bei Übergang zur linearen AfA in €	Restwert in € (gerundet)
0	-		50.000
1	10.000		40.000
2	8.000		32.000
3	6.400	(5.333)	25.600
4	5.120	5.120	20.480
5	(4.096)	5.120	15.360
6		5.120	10.240
7		5.120	5.120
8		5.120	0

Lösung zu Aufgabe A6/6:

Buchungssätze:
In der vorgeschlagenen Lösung wird der Verkaufserlös nicht als Sonstiger Erlös, sondern durch Ausbuchung der Anlage erfasst; nur der Nettoerfolg (= Differenz zwischen Verkaufspreis und Buchwert) wird erfolgswirksam gebucht. (Vgl. Kapitel 6.2.5)

1)	361	WB Sachanlagen	24.000	07	Maschinen	36.000
	288	Kasse	12.296	480	USt	1.696
	6962	Verluste/Sach-Anlagen	1.400			
2)	361	WB Sachanlagen	17.600	084	Fuhrpark	22.000
	280	Bank	8.004	480	USt	1.104
				5462	Erträge/Sach-anlagen	2.500
3)	652	Abschreibg./ Sachanlagen	47.200		WB Sachanlagen	47.200

Gebäude	2%	von	140.000	=	€	2.800
Maschinen	20%	von	(200.000 – 36.000)	=	€	32.800
Fuhrpark	20%	von	(80.000 – 22.000)	=	€	11.600
					€	47.200

05 Gebäude

AB	140.000	801	140.000

07 Maschinen

AB	200.000	1)	36.000
		801	164.000

084 Fuhrpark

AB	80.000	2)	22.000
		801	58.000

361 WB zu Sachanlagen

1)	24.000	AB	124.000
2)	17.600	3)	47.200
801	129.600		

5462 Erträge/Sachanlagen

802	2.500	2)	2.500

652 Abschreibungen/Sachanlagen

3)	47.200	802	47.200

6962 Verluste/Sachanlagen

1)	1.400	802	1.400

802 GuV

652	47.200	5462	2.500
6962	1.400		

801 SBK

05	140.000	361	129.600
07	164.000		
084	58.000		

Lösung zu Aufgabe A6/7:

Buchungssätze:

		Soll			Haben	
1)	247	Zweifelh. Ford.	9.976	240	Forderungen	9.976
2)	280	Bank	3.016	247	Zweifelh. Ford.	6.960
	367	EWB/Forderungen	5.000	545	Erträge/Ford.	1.000
	480	USt	544			
3)	368	PWB/Forderungen	1.200	240	Forderungen	1.392
	480	USt	192			
4)	695	Abschreibg./Ford.	7.740	367	EWB/Forderungen	7.740

5)

PWB – Anfangsbestand	3.000
Auflösung (Fall4)	1.200
verbleibender Bestand	1.800
PWB – Bedarf	2.500
Bildung zusätzlicher PWB	700

695	Abschreibg./Ford.	700	368	PWB/Forderungen	700

240 Forderungen

	280.490		211.500
		1)	9.976
		3)	1.392
		801	57.622

247 Zweifelhafte Forderungen

	11.500	2)	6.960
1)	9.976	801	14.516

280 Bank

	268.320		239.180
2)	3.016	801	32.156

367 EWB/Ford.

2)	5.000		7.000
801	9.740	4)	7.740

368 PWB/Ford.

3)	1.200		3.000
801	2.500	5)	700

480 USt

	10.500		13.500
2)	544		
3)	192		
801	2.264		

545 Erträge/Ford.

802	1.600	2)	1.600

695 Abschreibg./Ford.

4)	7.740	802	8.440
5)	700		

802 GuV

695	8.440	545	1.600

801 SBK

240	57.622	367	9.740
247	14.516	368	2.500
280	32.156	480	2.264

Lösung zu Aufgabe A6/8:

Buchungssätze mit Erläuterungen:

1) Miete Nov., Dez. 900 — Aufwand im alten Jahr
Jan. 450 — Aufwand im neuen Jahr ist abzugrenzen

293	Aktive RAP	450	670	Mietaufwendungen	450

2) Zinsen 4. Quartal Aufwand noch zu buchen.

751	Zinsaufwend.	2.680	489	Sonstige Verbindl.	2.680

3) Versicherung 15.11.-31.12. $\frac{3}{24}$ = € 63 Aufwand im alten Jahr,

01.01.-15.11. $\frac{21}{24}$ = € 441 Aufwd. i. neuen Jahr ist abzugrenzen

293	Aktive RAP	441	690	Vers.prämien	441

4) Zinsen in voller Höhe Ertrag im alten Jahr

266	Sonstige Forder.	257	571	Zinserträge	257

5) Miete Dez. € 60 Ertrag im alten Jahr
Jan., Febr. 120,- Ertrag im neuen Jahr ist abzugrenzen

540	Mieterträge	120	490	Passive RAP	120

6) Steuer in voller Höhe Aufwand im alten Jahr

770	Gewerbesteuer	620	489	Sonstige Verbindl.	620

266 Sonstige Forderungen

4)	257	801	257

293 Aktive RAP

1)	450	801	891
3)	441		

489 Sonstige Verbindlichkeiten

801	3.300	2)	2.680
		6)	620

490 Passive RAP

801	120	5)	120

540 Mieterträge

5)	120		840
802	720		

571 Zinserträge

802	667		410
		4)	257

670 Mietaufwendungen

	5.850	1)	450
		802	5.400

690 Versicherungsprämien

	2.360	3)	441
		802	1.919

770 Gewerbesteuer

	1.860	802	2.480
6)	620		

751 Zinsaufwendungen

	8.040	802	10.720
2)	2.680		

802 GuV

670	5.400	540	720
690	1.919	571	667
700	2.480		
751	10.720		

801 SBK

266	257	489	3.300
293	891	490	120

Lösung zu Aufgabe A6/9:

1)	690	Vers.prämien	441	293	Aktive RAP	891
	670	Mietaufwendg.	450			
2)	490	Passive RAP	120	540	Mieterträge	120
3)	489	Sonst. Verbindl.	2.680	280	Bank	2.680
4)	280	Bank	257	266	Sonst. Forderungen	257
5)	489	Sonst. Verbindl.	620	280	Bank	620

266 Sonst. Ford.

AB	257	4)	257

280 Bank

AB	8.210	3)	2.680
4)	257	5)	620
		801	5.167

293 Aktive RAP

AB	891	1)	891

489 Sonst. Verb.

3)	2.680	AB	3.300
5)	620		

490 Pass. RAP

2)	120	AB	120

540 Mieterträge

802	120	2)	120

670 Mietaufwendungen

1)	450	802	450

690 Versicherungsprämien

1)	441	802	441

802 GuV

670	450	540	120
690	441	571	667

801 SBK

280	5.167		

Lösung zu Aufgabe A6/10:

Geschäftsvorfälle:

1)	247	Zweifh. Ford.	1.160	240	Forderungen	1.160
2)	280	Bank	6.844	084	Fuhrpark	24.000
	361	WB/Sachanlagen	19.200	480	USt	944
				5462	Erträge/Abgang Sachanlagen	1.100
3)	44	Verbindl.	928	2002	EPK	800
				260	Vorsteuer	128
4)	63	Gehälter	42.860	280	Bank	23.778
	64	Soz. Abgaben	8.572	265	Ford. an Mitarbeiter	2.600
				483	Verb./Finanzbeh.	7.910
				484	Verb./Sozialvers.	17.144
5)	280	Bank	812	247	Zweifh. Ford.	4.640
	367	EWB/Ford.	3.400	545	Erträge/Ford.	100
	480	USt	528			
6)	280	Bank	5.864	240	Forderungen	5.800
	5001	Erlöskorrektur	100			
	480	USt	16			
7)	600	Rohst.aufw.	470	2000	Rohstoffe	470
8)	3001	Privat	2.000	288	Kasse	2.000
9)	39	Sonst. Rückstellg.	600	280	Bank	530
				548	Erträge/Rückstellg.	70
10)	670	Mietaufwendg.	1.200	280	Bank	1.200

Abschlussangaben:

1)	695	Abschreibg./Ford.	600	367	EWB/Ford.	600
2)	PWB-Bedarf = 3% von netto 66.700 = 2.001					
	695	Abschreibg./Ford.	101	368	PWB/Ford.	101
3)	293	Aktive RAP	1.200	670	Mietaufwendg.	1.200
4)	770	Gewerbesteuer	800	38	Steuerrückstellg.	800
5)	652	Abschr./Sach-anlagen	45.000	05	Gebäude	9.000
				361	WB/Sachanlagen	36.000
6)	801	SBK	3.600	202	Hilfsstoffe	3.600
	602	Hilfsst.aufw.	43.200	202	Hilfsstoffe (Saldo)	43.200
	801	SBK	167.100	210	UE	167.100
	801	SBK	124.800	220	FE	124.800
	801	SBK	1.700	288	Kasse	1.700
	6963	Verluste/UV	100	288	Kasse	100

05 Gebäude

	320.000	A5)	9.000
		801	311.000

07 Maschinen

	180.000	801	180.000

084 Fuhrpark

	72.000	2)	24.000
		801	48.000

2000 Rohstoffe

	381.400		358.100
		7)	470
		2002	2.800
		801	20.030

2002 EPK

2000	2.800		2.000
		3)	800

202 Hilfsstoffe

	46.800	801	3.600
		602	43.200

210 UE

	163.500	801	167.100
52	3.600		

220 FE

	139.100	801	124.800
		52	14.300

240 Forderungen

	1.066.000		992.830
		1)	1.150
		6)	5.750
		801	66.270

247 Zweifelh. Ford.

	4.600	5)	4.600
1)	1.150	801	1.150

260 Vorsteuer

	54.700		49.500
		3)	120
		480	5.080

265 Ford./Mitarbeiter

	16.800		11.000
		4)	2.600
		801	3.200

280 Bank

	1.160.800		1.139.270
2)	6.785	4)	25.230
5)	805	9)	530
6)	5.635	10)	1.200
		801	7.795

288 Kasse

	67.900		64.100
		8)	2.000
		801	1.700
		6963	100

293 Aktive RAP

A3)	1.200	801	1.200

3000 Eigenkapital

3001	43.400		310.000
801	512.819	802	246.219

3001 Privat

	41.400	3000	43.400
	2.000		

361 WB/Sachanlagen

2)	19.200		129.900
801	164.700	A5)	54.000

367 EWB/Ford.

5)	3.400		3.400
801	600	A1)	600

368 PWB/Ford.

801	2.001		1.900
		A2)	101

38 Steuerrückstellung

801	800	A4)	800

425 Langfrist. Banksch.

	39.500		226.700
801	187.200		

480 USt

	128.900		137.600
5)	495	2)	885
6)	15		
260	5.080		
801	3.995		

484 Verb./Sozialversicherg.

	117.600		117.600
801	14.240	4)	14.240

5001 Erlöskorrektur

	8.800	5000	8.900
6)	100		

545 Erträge/Ford.

802	100	5)	100

548 Erträge/Rückstellg.

802	70	9)	70

602 Hilfsstoffaufwendg.

202	43.200	802	43.200

64 Soziale Abgaben

	58.300	802	65.420
4)	7.120		

670 Mietaufwendg.

	54.400	A3)	1.200
10)	1.200	802	54.400

39 Sonst. Rückstellungen

	3.100		4.800
9)	600		
801	1.100		

44 Verbindlichkeiten

	878.700		920.100
3)	920		
801	40.480		

483 Verb./Finanzbehörden

	50.800		50.800
801	7.910	4)	7.910

5000 Umsatzerlöse

	3.600		1.291.700
500			
1	8.900		
802	1.279.200		

52 BV

220	14.300	210	3.600
		802	10.700

5462 Erträge/Abg. Sachanlagen

802	12.200		11.100
		2)	1.100

600 Rohstoffaufwendg.

	356.700	802	357.170
7)	470		

63 Gehälter

	367.100	802	409.960
4)	42.860		

652 Abschreibg./Sachanlagen

A5)	63.000	802	63.000

695 Abschreibg./Ford.

	4.100	802	4.801
A1)	600		
A2)	101		

6963 Verluste/UV

	2.900	802	3.000
A6)	100		

700 Gewerbesteuer

	14.100	802	14.900
A4)	800		

751 Zinsaufwendg.

18.800	802	18.800

802 GuV

52	BV	10.700	5000	Umsatzerlöse	1.279.200
600	Rohstoffaufw.	357.170	545	Erträge/Ford.	100
602	Hilfsstoffaufw.	43.200	5462	Erträge/Abg. SachAV	12.200
63	Gehälter	409.960	548	Erträge Rückerst.	70
64	Soziale Abgaben	65.420			
652	Abschr./SachAV	63.000			
670	Mietaufw.	54.400			
695	Abschr./Ford.	4.801			
6963	Verluste/UV	3.000			
700	Gewerbesteuer	14.900			
751	Zinsaufwd.	18.800			
300	EK	246.219			
		1.291.570			1.291.570

801 SBK

05	Gebäude	311.000	3000	EK	512.819
07	Maschinen	180.000	361	WB/SachAV	164.700
084	Fuhrpark	48.000	367	EWB/Ford.	600
2000	Rohstoffe	20.030	368	PWB/Ford.	2.001
202	Hilfsstoffe	3.600	38	Steuerrückstellg.	800
210	UE	167.100	39	Sonst. Rückst.	1.100
220	FE	124.800	425	Langfr. Banksch.	187.200
240	Forderungen	66.270	44	Verbindlichk.	40.480
247	Zweifelh. Ford.	1.150	480	USt	3.995
265	Ford./Mitarbeiter	3.200	483	Verb./Finanzb.	7.910
280	Bank	7.795	484	Verb./Sozialvers.	14.240
288	Kasse	1.700			
293	Aktive RAP	1.200			
		935.845			935.845

Lösung zu Aufgabe A7/1:

Konto	Summenbilanz		Saldenbilanz		Vorbereitende Abschlußbuchungen	
	Soll	Haben	Soll	Haben	Soll	Haben
05	320.000	-	320.000	-		9.000
07	180.000	-	180.000	-		
084	72.000	24.000	48.000	-		
2000	381.400	358.570	22.830	-		2.800
2002	-	2.800	-	2.800	2.800	
202	46.800	-	46.800	-		43.200
210	163.500	-	163.500	-	3.600	
220	139.100	-	139.100	-		14.300
240	1.066.000	999.730	66.270	-		
247	5.750	4.600	1.150	-		
260	54.700	49.620	5.080	-		5.080
265	16.800	13.600	3.200	-		
280	1.174.025	1.166.230	7.795	-		
288	67.900	66.100	1.800	-		100
293	-	-	-	-	1.200	
3000	-	310.000	-	310.000	43.400	
3001	43.400	-	43.400	-		43.400
361	19.200	129.900	-	110.700		54.000
367	3.400	3.400	-	-		600
368	-	1.900	-	1.900		101
38/39	3.700	4.800	-	1.100		800
425	39.500	226.700	-	187.200		
44	879.620	920.100	-	40.480		
480	129.410	138.485	-	9.075	5.080	
483/484	168.400	190.550	-	22.150		
5000	3.600	1.291.700	-	1.288.100	8.900	
5001	8.900	-	8.900	-		8.900
52	-	-	-	-	14.300	3.600
545	-	100	-	100		
5462	-	12.200	-	12.200		
548	-	70	-	70		
600	357.170	-	357.170	-		
602	-	-	-	-	43.200	
63	409.960	-	409.960	-		
64	65.420	-	65.420	-		
652	-	-	-	-	63.000	
670	55.600	-	55.600	-		1.200
695	4.100	-	4.100	-	801	
6963	2.900	-	2.900	-		
700	14.100	-	14.100	-	800	
751	18.800	-	18.800	-		
	5.915.155	5.915.155	1.985.875	1.985.875	187.081	187.081

Saldenbilanz II		GuV		Schlussbilanz	
Soll	Haben	Soll	Haben	A	P
311.000				311.000	
180.000				180.000	
48.000				48.000	
20.030				20.030	
-				-	
3.600				3.600	
167.100				167.100	
124.800				124.800	
66.270				66.270	
1.150				1.150	
-				-	
3.200				3.200	
7.795				7.795	
1.700				1.700	
1.200				1.200	
	266.600				266.600
	-				-
	164.700				164.700
	2.001				2.001
	600				600
	1.900				1.900
	187.200				187.200
	40.480				40.480
	3.995				3.995
	22.150				22.150
	1.279.200		1.279.200		
10.700		10.700			
	100		100		
	12.200		12.200		
	70		70		
357.170		357.170			
43.200		43.200			
409.960		409.960			
65.420		65.420			
63.000		63.000			
54.400		54.400			
4.901		4.901			
2.900		2.900			
14.900		14.900			
18.800		18.800			
1.981.196	1.981.196	1.045.351	1.291.570	935.845	689.626
		246.219			246.219
		1.291.570	1.291.570	935.845	935.845

Lösung zu Aufgabe A8/1/1:

Lösungshinweis zu a): S. 4f.

b) Möglichkeit der kontinuierlichen Weiterentwicklung und Anpassung an veränderte gesellschafts- und wirtschaftspolitische Rahmenbedingungen sowie an technische Gegebenheiten ohne langwierige Gesetzesänderung, sondern allein durch Fortentwicklung der Rechtsprechung, Wissenschaft und Praxis.

Lösung zu Aufgabe A8/1/2:

Lösungshinweis: S. 7f.

Lösung zu Aufgabe A8/1/3:

Lösungshinweis: S. 35f.

Lösung zu Aufgabe A8/1/4:

Lösungshinweis: S. 42ff.

Lösung zu Aufgabe A8/1/5:

(1) 10 Jahre
(2) 10 Jahre
(3) keine Aufbewahrungspflicht
(4) 10 Jahre
(5) keine Aufbewahrungspflicht

Lösung zu Aufgabe A8/2/1:

3000 EK

3001	43.155	AB	243.000
SB	223.845	802	24.000

3001 Privat

bar	38.900	3000	43.155
Verbr.	4.255		

542 Eigenverbrauch

802	3.700	Privat	3.700

802 GuV

Aufw.	197.100	Ertr.	217.400
3000	24.000	542	3.700

Lösung zu Aufgabe A8/2/2:

Kontenabschluss

2000 Rohstoffe

AB	36.800	2002	3.190
Zugänge		801	41.400
	119.600	600	116.530
2001	4.720		
	161.120		161.120

2001 Bezugskosten Rohstoffe

	4.720	2000	4.720

2002 Einstandspreiskorrekturen

2000	3.190		3.190

600 Rohstoffaufwendungen

2000	116.530	802	116.530

3000 Eigenkapital

802	11.380	AB	150.000
801	138.620		

802 GuV

übrige Aufwendg.	298.790	übrige Erträge	403.940
600	116.530	3000	11.380
	415.320		415.320

801 SBK

übriges Vermögen	518.600	Schulden	421.380
2000	41.400	3000	138.620
	560.000		560.000

Lösung zu Aufgabe A8/2/3:

260 Vorsteuer

	13.860	1)	128
		3)	272
		480	12.746
		801	714

480 Umsatzsteuer

4)	4		9.390
260	12.537	2)	3.360

801 SBK

Sonstige Forderungen (Vorsteuerüberhang)	714		

a) Vorsteuerüberhang

b) Wert der eingekauften Leistungen > Wert der verkauften Leistungen.
Dieser Fall tritt in der Praxis auf infolge von
   saisonalen Beschaffungs- und Absatzschwankungen,
   Beschaffung großer Anlagen.

Lösung zu Aufgabe A8/2/4:

2000 Rohstoffe

	63.000	2002	2.090
2001	3.740	801	9.420
		600	55.230

2001 Bezugskosten

	3.740	2000	3.740

2002 EPK

2000	2.090		2.090

210 UE

AB	72.780	801	74.040
52	1.260		

220 FE

AB	57.110	801	53.870
		52	3.240

52 BV

220	3.240	210	1.260
		802	1.980

600 Rohstoffaufwendg.

2000	55.230	802	55.230

802 GuV

52	1.980		
600	55.230		

801 SBK

2000	9.420		
210	74.040		
220	53.870		

Lösung zu Aufgabe A8/3/1:

Abschreibungsplan

	km Stand	Leistung in km	Abschreibung in €	Buchwert in €
t_0	0	-	-	24.900
t_1	19.600	19.600	4.704	20.196
t_2	37.100	17.500	4.200	15.996
t_3	58.500	21.400	5.136	10.860

Ako	24.900 €	
RW_{tn}	6.900 €	
Wertminderung	18.000 €	: 75.000 km = 0,24 €/km

Lösung zu Aufgabe A8/3/2:

Abschreibungsplan

t	20% degressive Abschreibung in € (gerundet)		Abschreibung in € (gerundet) bei Übergang zur linearen AfA	RW_t bei optimaler Abschreibung
t_0	-		-	36.000
t_1	7.200	>	6.000	28.800
t_2	5.760	=	5.760	23.040
t_3	4.608	<	5.760	17.280
t_4			5.760	11.520
t_5			5.760	5.760
t_6			5.760	-

Lösung zu Aufgabe A8/3/3:

	km Stand	Leistung in km	Abschreibung in €	Buchwert in €
t_0	0	-	-	31.800
t_1	21.200	21.200	5.936	25.864
t_2	39.100	17.900	5.012	20.852
t_3	60.700	21.600	6.048	14.804

Ako	31.800
- RW_{tn}	8.000
	23.800

$$\text{Abschreibg. je LE} = \frac{23.800\ €}{85.000\ \text{km}} = 0{,}28\ €/\text{km}$$

Lösung zu Aufgabe A8/3/4:

Abschreibungsplan

	Linear		20% degressiv/linear		digital (arithm.-degr.)	
t	Abschreibg.	Buchwert	Abschreibg.	Buchwert	Abschreibg.	Buchwert
t_0	-	32.000	-	32.000	-	32.000
t_1	5.000	27.000	6.400	25.600	8.571	23.429
t_2	5.000	22.000	5.120	20.480	7.143	16.286
t_3	5.000	17.000	lin. 4.620	15.860	5.714	10.572
t_4	5.000	12.000	4.620	11.240	4.286	6.286
t_5	5.000	7.000	4.620	6.620	2.857	3.429
t_6	5.000	2.000	4.620	2.000	1.429	2.000

Lösung zu Aufgabe A8/3/5:

Abschreibungsplan

Höchst zulässiger degressiver Abschreibungssatz

2facher linearer Satz $= 2 \cdot \frac{100}{12} =$ 16 2/3% < absolute Obergrenze 20%, also

20% vom jeweiligen Restwert RW_t

t	20% degressive Abschreibg.	RW_t bei degressiver Abschreibg.	Abschreibung bei Übergang zur linearen Abschreibg.	höhere Abschreibg.	RW_t bei optimaler Abschreibg.
t_0	-	60.000	-	Degressiv 20%	60.000
t_1	12.000	48.000	60.000 : 12 = 5.000	↓	48.000
t_2	9.600	38.400	48.000 : 11 = 4.364		38.400
t_3	7.680	30.720	38.400 : 10 = 3.840		30.720
t_4	6.144	24.576	30.720 : 9 = 3.413		24.576
t_5	4.916	19.662	24.576 : 8 = 3.072		19.662
t_6	3.932	15.730	19.662 : 7 = 2.809		15.730
t_7	3.146	12.584	15.730 : 6 = 2.622		12.584
t_8	2.517	10.067	12.584 : 5 = 2.517	linear 2.517	10.067
t_9	2.013	8.054	10.067 : 4 = 2.517	↓	7.550
t_{10}	1.611	6.443	8.054 : 3 = 2.685		5.033
t_{11}	1.289	5.154	6.443 : 2 = 3.222		2.516
t_{12}	1.031	4.123	5.154 : 1 = 5.154		0

Lösung zu Aufgabe A8/3/6:

Abschreibungsmethoden

Abschreibungs-methode	Abschreibungssatz	Abschreibungsbetrag
linear	gleichbleibender Prozentsatz, jeweils von den AK/HK	Gleichbleibend
degressiv	gleichbleibender Prozentsatz, jeweils vom Restwert	Fallend
leistungs-abhängig	-	abhängig von Nutzungseinheiten in der Abschreibungsperiode in Relation zum gesamten Nutzungspotential

Lösung zu Aufgabe A8/3/7:

Abschreibungsursachen

Ursache	Beispiel
Verschleiß infolge Nutzung	Maschine
technischer Fortschritt	Computer
Substanzverlust	Kiesgrube
Zeitablauf	Konzession
Modellwechsel	Kraftfahrzeug
Verminderung der wirtschaftlichen Gebrauchsfähigkeit	Maschine
Minderung des Marktwertes	Finanzanlagen

Lösung zu Aufgabe A8/5/1:

Spezielle Kreditrisiken:

Forderung muß aufgrund konkreter Hinweise als
- uneinbringlich (z.B. nicht gedeckte Insolvenzquote) oder als
- zweifelhaft (z.B. Stundungsgesuch des Kunden) gelten.

Allgemeines Kreditrisiko:

Aufgrund allgemeiner kaufmännischer Erfahrung muß trotz Fehlens konkreter Hinweise mit Forderungsausfällen gerechnet werden.

Buchhalterische Behandlung:

Bei realisierten Forderungsverlusten:
Direkte Abschreibung des Nettobetrages und Korrektur der Umsatzsteuer.

Bei möglichen Forderungsverlusten:
Direkte oder indirekte Abschreibung des vorsichtig geschätzen Forderungsausfalls (Nettobetrag). Für allgemeines Kreditrisikos interne Bildung von Pauschalwertberichtigungen.

Lösung zu Aufgabe A8/5/2:

Lösungshinweis: a) S. 122
b) S. 126f.

Lösung zu Aufgabe A8/6/1:

1)	240	5.800	5000	5.000
			480	800
2)	280	5.684		
	5001	100	240	5.800
	480	16		
3)	280	3.480	086	1.400
			480	480
			5462	1.600
4)	44	2.552	2002	2.200
			260	352
5)	653	20.000	07	20.000
6)	700	3.000	38	3.000
7)	293	800	690	800
8)	63	30.000	265	700
	64	6.000	280	18.800
			483	4.500
			484	12.000
9)	280	6.960		
	367	5.000	240 (247)	11.600
	480	640	545	1.000

Lösung zu Aufgabe A8/6/2:

1)	280	8.439		
	5001	225	240	8.700
	480	36		
2)	63	48.280	265	2.800
	64	9.656	280	25.914
			483	9.910
			484	19.312
3)	44	812	2000	700
			260	112
4)	280	1.972		
	695	1.100	247	3.248
	480	176		
5)	692	16.000	489	16.000

Lösung zu Aufgabe A8/6/3:

1)	247	2.320	240	2.320
2)	62	17.400	265	500
	64	3.480	280	10.520
			483	2.900
			484	6.960
3)	280	14.210		
	5001	250	240	14.500
	480	40		
4)	695	2.000	247	2.320
	480	320		
5)	361	75.000	084	80.000
	280	17.400	480	2.400
			5462	10.000
6)	540	2.000	490	2.000
7)	652	5.000	086	5.000
8)	751	100	489	100

Lösung zu Aufgabe A8/6/4:

1)	62	28.000	540	1.500
	64	5.600	280	15.700
			483	5.200
			484	11.200
2)	280	6.960	07	5.000
			480	960
			5462	1.000
3)	368	300	545	300
4)	240	14.500	5000	12.500
			480	2.000
5)	280	14.210		
	5001	250	240	14.500
	480	40		
6)	293	225	690	225

Lösung zu A8/8/1:

Kontenabschluss

07 Maschinen

	250		20
		801	230

288 Kasse

	75		50
		801	15
		61-69	10

280 Bankguthaben

	320		138
		89	182

2000 Rohstoffe

	535	89	245
2001	48	2002	18
		600	320

2001 Bezugskosten

	48	2000	48

2002 Einstandspreiskorr.

2000	18		18

210 Unfertige Erzeugnisse

	25	89	35
52	10		

220 Fertigerzeugnisse

	44	89	20
		52	24

240 Forderungen

	949		580
		89	369

260 Vorsteuer

	89		17
		480	72

293 Akt. RAP

	10	801	10

3000 Eigenkapital

301	13		520
89	690	802	183

3001 Privat

	13	300	13

44 Verbindl. aus L/L

	715		1.120
801	405		

480 Umsatzsteuer

	14		97
280	72		
801	11		

5000 Umsatzerlöse

5001	55		920
802	865		

5001 Erlöskorrekturen

	55	5000	55

52 Bestandsveränderungen

220	24	210	10
		81	14

600 Aufw. F. Rohstoffe

2000	320	802	320

61-69 Abschr. u.ä.

	280	81	290
288	10		

70-78 Zinsen, Steuern u.ä.

	58	81	58

802 GuV

52	14	5000	865
600	320		
61-69	290		
70-78	58		
3000	183		
	865		865

801 SBK

07	230	3000	690
2000	245	44	405
210	35	480	11
220	20		
240	369		
280	182		
288	15		
293	10		
	1.106		1.106

Lösung zu Aufgabe A8/8/2:

Kontenabschluss

07 Maschinen

	1.066		106
		801	960

288 Kasse

	312		258
		801	54

280 Bankguthaben

	404		320
		801	84

2000 Rohstoffe

	374	801	280
2001	8	2002	14
		600	88

2001 Bezugskosten

	8	2000	8

2002 Einstandspreiskorr.

2000	14		14

220 Fertigerzeugnisse

	248	801	222
		52	26

240 Forderungen

	860		400
		801	460

260 Vorsteuer

	174		68
		480	106

3000 Eigenkapital

3001	26		896
802	148		
801	722		

3001 Privat

	26	3000	26

368 PWB zu Forderg.

545	30		70
801	40		

44 Verbindlichk.

	444		1.664
801	1.220		

480 Umsatzsteuer

	36		220
260	106		
801	78		

5000 Umsatzerlöse

5001	6		1.272
802	1.266		

5001 Erlöskorrekturen

	6	5000	6

52 Bestandsveränd.

220	26	802	26

545 Erträge a.d. Herabsetzg. d. PWB zu Ford.

802	30	368	30

600 Rohst.aufwendg.

2000	88	802	88

61-69 andere Aufwdg.

	824	802	824

70-78 Zinsen, Steuern u.ä.

	506	802	506

802 GuV

52	26	5000	1.266
600	88	545	30
61-69	824	3000	148
70-78	506		
	1.444		1.444

801 SBK

07	960	3000	722
288	54	368	40
280	84	44	1.220
2000	280	480	78
220	222		
240	460		
	2.060		2.060

Lösung zu Aufgabe A8/8/3:

Kontenabschluss

07 Maschinen

	760	801	760

288 Kasse

	340		260
		801	80

280 Bankguthaben

	674		388
		801	286

2000 Rohstoffe

	712	801	280
2001	72	2002	96
		600	408

2001 Bezugskosten

2002 Einstandspreiskorr.

	72	2000	72

2000	96		96

210 Unfertige Erzeugnisse

	196	801	132
		52	64

220 Fertigerzeugnisse

	240	801	288
52	48		

240 Forderungen

	574		286
		801	288

260 Vorsteuer

	26		4
		480	22

3000 Eigenkapital

3001	230		718
801	710	802	222

3001 Privat

	230	3000	230

361 Wertb. Zu Sachanlagen

801	270		180
		61-69	90

44 Verbindl. aus L/L

	710		1.778
801	1.068		

480 Umsatzsteuer

	86		174
260	22		
801	66		

5000 Umsatzerlöse

5001	114		1.140
802	1.026		

5001 Erlöskorrekturen

	114	5000	114

52 Bestandsveränderungen

210	64	220	48
		802	16

600 Aufw. F. Rohstoffe

2000	408	802	408

61-69 Abschr. u.ä.

	206	802	296
07	90		

70-78 Zinsen, Steuern u.ä.

	84	802	84

802 GuV

52	16	5000	1.026
600	408		
61-69	296		
70-78	84		
3000	222		
	1.026		1.026

801 SBK

07	760	3000	710
288	80	361	270
280	286	44	1.068
2000	280	480	66
210	132		
220	288		
240	288		
	2.114		2.114

Lösung zu Aufgabe A8/8/4:

Kontenabschluss

07 Maschinen

	420		130
		801	290

28 Geldkonten

	831		787
		801	44

2000 Rohstoffe

	216		168
2001	12	2002	17
		801	43

2001 Bezugskosten

	12	2000	12

2002 EPK

2000	17		17

210 UE

	41	801	28
		52	13

220 FE

	12	801	25
52	13		

240 Forderungen

	629		503
		801	126

260 Vorsteuer

	57	480	57

293 Akt. RAP

	14		11
6/7	10	801	13

3000 Eigenkapital

3001	108		409
801	388	802	87

3001 Privat

	108	3000	108

44 Verbindlichkeiten

	222		390
801	168		

480 Umsatzsteuer

260	57		70
801	13		

5000 Umsatzerlöse

5001	16		478
802	462		

5001 Erlöskorrektur

	16	5000	16

52 BV

210	13	220	13

6/7 Div. Aufwendg.

	385	293	10
		802	375

802 GuV

6/7	375	5000	462
3000	87		

801 SBK

07	290	3000	388
28	44	44	168
2000	43	480	13
210	28		
220	25		
240	126		
293	13		
	569		569

Lösung zu Aufgabe A8/8/5:

Kontenabschluss

07 Maschinen

	1.060		110
		801	950

288 Kasse

	330		250
		801	80

280 Bankguthaben

	440		320
		801	120

2000 Rohstoffe

	376	801	270
2001	8	2002	14
		600	100

2001 Bezugskosten

	8	2000	8

2002 Einstandspreiskorr.

2000	14		14

210 Unfertige Erzeugnisse

	35	52	35

220 Fertigerzeugnisse

	250	801	260
52	10		

240 Forderungen

	691		400
		801	291

260 Vorsteuer

	170		60
		480	110

293 Aktive RAP

	20	801	20

3000 Eigenkapital

3001	20		1.000
802	181		
801	799		

3001 Privat

	20	3000	20

44 Verbindl. aus L/L

	540		1.660
801	1.120		

480 Umsatzsteuer

	38		220
260	110		
801	72		

5000 Umsatzerlöse

5001	6		1.270
802	1.264		

5001 Erlöskorrekturen

	6	5000	6

52 Bestandsveränderungen

210	35	220	10
		802	25

600 Aufw. f. Rohstoffe

2000	100	802	100

61-69 Abschr. u.ä.

	820	802	820

70-78 Zinsen, Steuern u.ä.

	500	802	500

802 GuV

52	25	5000	1.264
600	100	3000	181
61-69	820		
70-78	500		
	1.445		1.445

801 SBK

07	950	3000	799
288	80	44	1.120
280	120	480	72
2000	270		
220	260		
240	291		
293	20		
	1.991		1.991

Literaturverzeichnis

Bähr, Gottfried; Fischer-Winkelmann, Wolf:
Buchführung und Jahresabschluss,
6. Aufl., Wiesbaden 1998

Buchner, Robert:
Buchführung und Jahresabschluss,
4. Aufl., München 1993

Bundesverband der Deutschen Industrie e.V. (Hrsg.):
Industrie-Kontenrahmen – IKR,
Neufassung 1986 in Anpassung an das Bilanzrichtlinien-Gesetz,
Tiefgliederung, 2. Aufl., Köln und Bergisch Gladbach 1986

Eisele, Wolfgang:
Technik des betrieblichen Rechnungswesens,
6. Aufl., München 1999

Engelhardt, Werner; Raffée, Hans; Wischermann, Barbara:
Grundzüge der doppelten Buchhaltung,
4. Aufl., Wiesbaden 1999

Gabele, Eduard; Mayer, Horst:
Buchführung,
7. Aufl., München 2001

Heinhold, Michael:
Buchführung in Fallbeispielen,
8. Aufl., Stuttgart 2001

Langenbeck, Jochen; Wolf, Jakob:
Buchführung und Jahresabschluss,
2. Aufl., Herne/Berlin 1996

Schöttler, Jürgen, Spulak, Reinhard:
Technik des betrieblichen Rechnungswesens,
8. Aufl., München 1996

Stichwortverzeichnis

Industrie-Kontenrahmen für die Kontenklassen 0 bis 8 (Geschäftsbuchführung) (Gekürzte Fa

Konten des Bilanzbereichs (Beständerechnung)

Aktivkonten

0 Immaterielle Vermögensgegenstände und Sachanlagen

00 Ausstehende Einlagen
01 Aufwendungen für die Ingangsetzung und Erweiterung des Geschäftsbetriebes (§ 269)

Immaterielle Vermögensgegenstände
02 Konzessionen, Lizenzen und ähnliche Rechte
03 Geschäfts- oder Firmenwert
04 Geleistete Anzahlungen auf immaterielle Vermögensgegenstände

Sachanlagen
05 Grundstücke und Gebäude
07 Technische Anlagen und Maschinen
08 Andere Anlagen, Betriebs- und Geschäftsausstattung
 080 Andere Anlagen
 081 Werkstätteneinrichtung
 082 Werkzeuge
 083 Lager- und Transporteinrichtungen
 084 Fuhrpark
 086 Büromaschinen, Büromöbel
 089 Geringwertige Vermögensgegenstände der Betriebs- und Geschäftsausstattung
09 Geleistete Anzahlungen und Anlagen im Bau

1 Finanzanlagen

11 Anteile an verbundenen Unternehmen
12 Ausleihungen an verbundene Unternehmen
13 Beteiligungen
14 Ausleihungen an Unternehmen, mit denen ein Beteiligungsverhältnis besteht
15 Wertpapiere des Anlagevermögens
16 Sonstige Ausleihungen (Sonstige Finanzanlagen)

2 Umlaufvermögen und aktive Rechnungsabgrenzung (RAP)

Vorräte
20 Roh-, Hilfs- und Betriebsstoffe
 200 Rohstoffe/Fertigungsmaterial
  2000 Rechnungsbeträge
  2001 Bezugskosten
  2002 Nachlässe (Einstandspreiskorrekturen)
 201 Vorprodukte (Fremdbauteile)
 202 Hilfsstoffe
 203 Betriebsstoffe
21 Unfertige Erzeugnisse, unfertige Leistungen
 210 Unfertige Erzeugnisse
 219 Unfertige Leistungen
22 Fertige Erzeugnisse und Handelswaren
 220 Fertige Erzeugnisse
 228 Handelswaren
23 Geleistete Anzahlungen auf Vorräte
Forderungen und sonstige Vermögensgegenstände (24-26)
24 Forderungen aus Lieferungen und Leistungen
 240 Forderungen aus LuL
 245 Wechselforderungen (Besitzwechsel)
 247 Zweifelhafte Forderungen
 248 Protestwechsel
 [Bei *Kapitalgesellschaften* (da als Passivposten in der Bilanz nicht zulässig):]
 249 Wertberichtigungen zu Forderungen
  2491 Einzelwertberichtigungen (können auch direkt auf den einzelnen Forderungskonten verrechnet werden)
  2492 Pauschalwertberichtigungen
25 Forderungen gegen verbundene Unternehmen
26 Sonstige Vermögensgegenstände
 260 Vorsteuer
 263 Sonstige Forderungen an Finanzbehörden (ausgezahlte Arbeitnehmersparzulage)
 265 Forderungen an Mitarbeiter
 266 Andere sonstige Forderungen (antizipative RAP)
27 Wertpapiere des Umlaufvermögens
28 Flüssige Mittel
 280 Guthaben bei Kreditinstituten (Bank)
 285 Postgiroguthaben
 286 Schecks
 287 Bundesbank
 288 Kasse
29 Aktive Rechnungsabgrenzung
 290 Disagio
 293 Andere aktive Rechnungsabgrenzungsposten

P

3 Eigenkapital und Rückstellung

Eigenkapital
30 Kapitalkonto/Gezeichnetes Kap
 Bei Einzelfirmen und Personen schaften:
 300 Kapitalkonto Gesellschafte
  3000 Eigenkapital
  3001 Privatkonto
 301 Kapitalkonto Gesellschafte

 Bei Kapitalgesellschaften:

 300 Gezeichnetes Kapital
31 Kapitalrücklage
32 Gewinnrücklagen
 321 Gesetzliche Rücklagen
 322 Rücklagen für eigene Antei
 323 Satzungsmäßige Rücklage
 324 Andere Gewinnrücklagen
33 Ergebnisverwendung
 [entspricht dem Passivposten G winnvortrag/Verlustvortrag (be lanzaufstellung vor oder nach v ständiger Ergebnisverwendun dem Passivposten Bilanzgewir lanzverlust (bei Bilanzaufstellur nach teilweiser Ergebnisverwe dung)]
34 Jahresüberschuß/Jahresfehlb
35 Sonderposten mit Rücklageant
36 Wertberichtigungen
 (bei Kapitalgesellschaften als P posten nicht zulässig, vgl. Kto
 361 Wertberichtigungen zu S lagen
 365 Wertberichtigungen zu F anlagen
 367 Einzelwertberichtungen derungen
 368 Pauschalwertberichtigu Forderungen

Rückstellungen
37 Rückstellungen für Pensione ähnliche Verpflichtungen
38 Steuerrückstellungen
39 Sonstige Rückstellungen

(Erfolgsrechnung)

Aufwendungen

…ndungen

Aufwendungen für Kommunikation
680 Büromaterial
681 Zeitungen und Fachliteratur
682 Post
685 Reisekosten
686 Gästebewirtung, Repräsentation
687 Werbung
689 Sonstige Aufwendung für Kommunikation

Aufwendungen für Beiträge und Sonstiges sowie Wertkorrekturen und periodenfremde Aufwendungen
690 Versicherungsbeiträge
692 Beiträge zu Wirtschaftsverbänden und Berufsvertretungen
693 Andere sonstige betriebliche Aufwendungen (Schadensfälle, Forderungsverzicht).
695 Verluste aus Wertminderung von Forderungen (Abschreibungen auf Forderungen wegen Uneinbringlichkeit, Bildung von Einzel- und Pauschalwertberichtigungen, Kursverluste bei Forderungen in Fremdwährung und Valutabeständen)
696 Verluste aus dem Abgang von Vermögensgegenständen
- 6961 – immaterielle Vermögensgegenstände
- 6962 – Sachanlagen
- 6963 – Umlaufvermögen (außer Vorräte und Wertpapiere)

697 Einstellungen in den Sonderposten mit Rücklageanteil
698 Zuführungen zu Rückstellungen (soweit nicht unter anderen Aufwendungen erfaßbar)
699 Periodenfremde Aufwendungen (soweit nicht bei den betreffenden Aufwandsarten zu erfassen)

7 Weitere Aufwendungen

70 Betriebliche Steuern
- 700 Gewerbekapitalsteuer
- 701 Vermögensteuer
- 702 Grundsteuer
- 703 Kraftfahrzeugsteuer
- 705 Wechselsteuer
- 707 Ausfuhrzölle
- 708 Verbrauchssteuern
- 709 Sonstige betriebliche Steuern

74 Abschreibungen auf Finanzanlagen und auf Wertpapiere des Umlaufvermögens und Verluste aus entsprechenden Abgängen

75 Zinsen und ähnliche Aufwendungen
- 750 Zinsen und ähnliche Aufwendungen an verbundene Unternehmen
- 751 Bankzinsen
- 753 Diskontaufwand
- 754 Abschreibungen auf Disagio
- 756 Zinsen für Verbindlichkeiten
- 759 Sonstige Zinsen und ähnliche Aufwendungen

76 Außerordentliche Aufwendungen (außerhalb der gewöhnlichen Geschäftstätigkeit)

77 Steuern vom Einkommen und Ertrag
- 770 Gewerbeertragsteuer
- 771 Körperschaftsteuer
- 772 Kapitalertragsteuer

78 Sonstige Steuern

79 Aufwendungen aus Gewinnabführungsvertrag

Konten für Eröffnung und Abschluß

8 Ergebnisrechnungen

80 Eröffnung/Abschluß
- 800 Eröffnungsbilanzkonto
- 801 Schlußbilanzkonto
- 802 GuV-Konto Gesamtkostenverfahren
- 803 GuV-Konto Umsatzkostenverfahren

Konten der Kostenbereiche für die GuV im Umsatzkostenverfahren
81 Herstellungskosten
82 Vertriebskosten
83 Allgemeine Verwaltungskosten
84 Sonstige betriebliche Aufwendungen

Konten der kurzfristigen Erfolgsrechnung (KER) für innerjährige Rechnungsperioden (Monat, Quartal, Halbjahr)
85 Korrekturkonten zu den Erträgen der Kontenklasse 5
86 Korrekturkonten zu den Aufwendungen der Kontenklasse 6
87 Korrekturkonten zu den Aufwendungen der Kontenklasse 7
88 Kurzfristige Erfolgsrechnung (KER)
89 Innerjährige Rechnungsabgrenzung

ssung des IKR '86)

Konten des Ergebnisbereichs

assivkonten | **Erträge**

en
ital
esell-
r A
r B
e
n
ie-
Bi-
oll-
g) bzw.
n/Bi-
g
n-
trag
eil
assiv-
249)
achan-
inanz-
zu For-
ngen zu
n und

4 Verbindlichkeiten und passive Rechnungsabgrenzung (RAP)

41 Anleihen
42 Verbindlichkeiten gegenüber Kreditinstituten
 420 Kurzfristige Bankverbindlichkeiten
 425 Langfristige Bankverbindlichkeiten
43 Erhaltene Anzahlungen auf Bestellungen
44 Verbindlichkeiten aus Lieferungen und Leistungen
45 Wechselverbindlichkeiten (Schuldwechsel)
46 Verbindlichkeiten gegenüber verbundenen Unternehmen
47 Verbindlichkeiten gegenüber Unternehmen, mit denen ein Beteiligungsverhältnis besteht
48 Sonstige Verbindlichkeiten
 480 Umsatzsteuer
 483 Verbindlichkeiten gegenüber Finanzbehörden (Lohn-/Kirchensteuer)
 484 Verbindlichkeiten gegenüber Sozialversicherungsträgern
 486 Verbindlichkeiten aus abzuführenden vermögenswirksamen Leistungen
 487 Geleistete/empfangene Umsatzsteuervorauszahlungen
 489 Übrige sonstige Verbindlichkeiten (antizipative RAP)
49 Passive Rechnungsabgrenzung
 490 Passive Rechnungsabgrenzungsposten

5 Erträge

50 Umsatzerlöse für eigene Erzeugnisse und andere eigene Leistungen
 500 Umsatzerlöse
  5000 Rechnungsbeträge
  5001 Nachlässe (Erlöskorrekturen)
51 Umsatzerlöse für Handelswaren
52 Erhöhung oder Verminderung des Bestandes an unfertigen Erzeugnissen (Bestandsveränderungen)
53 Andere aktivierte Eigenleistungen
54 Sonstige betriebliche Erträge
 540 Mieterträge
 541 Sonstige Erlöse
 542 Eigenverbrauch
 543 Andere sonstige betriebliche Erträge
 544 Erträge aus Werterhöhungen von Gegenständen des Anlagevermögens
 545 Erträge aus Werterhöhungen von Forderungen (Auflösung oder Herabsetzung von Einzel- und Pauschalwertberichtigungen, Kurserhöhungen bei Forderungen in Fremdwährung und Valutabeständen)
 546 Erträge aus dem Abgang von Vermögensgegenständen
  5461 – immaterielle Vermögensgegenstände
  5462 – Sachanlagen
  5463 – Umlaufvermögen
 547 Erträge aus der Auflösung von Sonderposten mit Rücklageanteil
 548 Erträge aus der Herabsetzung von Rückstellungen
 549 Periodenfremde Erträge
55 Erträge aus Beteiligungen
56 Erträge aus anderen Wertpapieren und Ausleihungen des Finanzanlagevermögens
57 Sonstige Zinsen und ähnliche Erträge
 571 Bankzinsen
 573 Diskonterträge
 576 Zinsen für Forderungen
 578 Erträge aus Wertpapieren des Umlaufvermögens
58 Außerordentliche Erträge
59 Erträge aus Verlustübernahme

6 Betriebliche Aufwe

Materialaufwand
60 Aufwendungen für Roh-, Hilfs- und Betriebsstoffe und Handelswaren
 600 Rohstoffe/Fertigungsmaterial
 601 Vorprodukte/Fremdbauteile
 602 Hilfsstoffe
 603 Betriebsstoffe
 604 Verpackungsmaterial
 605 Energie
 608 Aufwendungen für Handelswaren (Wareneinsatz)
 609 Sonderabschreibungen auf Material und Waren
61 Aufwendungen für bezogene Leistungen
 610 Fremdleistungen für Erzeugnisse
 613 Leiharbeitskräfte
 614 Frachten und Fremdlager
 615 Vertriebsprovision
 616 Fremdinstandhaltung

Personalaufwand
62 Löhne
63 Gehälter
64 Soziale Abgaben und Aufwendungen für Altersversorgung und für Unterstützung

Abschreibungen
65 Abschreibungen
 651 – auf immaterielle Vermögensgegenstände des Anlagevermögens
 652 – auf Grundstücke und Gebäude
 653 – auf technische Anlagen und Maschinen
 654 – auf Fuhrpark und Geschäftsausstattung
 655 – außerplanmäßige Abschreibungen
 657 – auf Umlaufvermögen (soweit das übliche Maß überschreitend)

Sonstige betriebliche Aufwendungen (66-70)
66 Sonstige Personalaufwendungen
67 Aufwendungen für die Inanspruchnahme von Rechten und Diensten
 670 Mieten, Pachten, Erbbauzinsen
 671 Leasing
 672 Lizenzen und Konzessionen
 673 Gebühren
 675 Kosten des Geldverkehrs
 676 Provisionen
 677 Prüfung, Beratung, Rechtsschutz

68
69
6
6
6